KB009051

수소경제의
과학

수소경제의 과학
다가올 수소경제, 우리가 꼭 알아야 할 과학 이야기

2023년 3월 10일 초판 1쇄 인쇄
2023년 3월 23일 초판 1쇄 발행

지은이   김희준 이현규
대표   권현준
편집   송영광 박형준
마케팅   정하연 김현주
제작   나연희 주광근

디자인   박진범
인쇄   영신사

펴낸이   윤철호
펴낸곳   (주)사회평론
등록번호   10-876호(1993년 10월 6일)
전화   02-326-1543(단행본사업부)
주소   서울시 마포구 월드컵북로 6길 56
이메일   glorious@sapyoung.com

ⓒ 김희준, 이현규 2023

ISBN 979-11-6273-282-3 03400

책값은 뒤표지에 있습니다.
사전 동의 없는 무단 전재 및 복제를 금합니다.
잘못 만들어진 책은 구입하신 서점에서 바꾸어 드립니다.

SPIKE

수소경제의
과학

다가올 수소경제, 우리가 꼭 알아야 할 과학 이야기

김희준 · 이현규 지음

사회평론

서문

수소hydrogen, H는 주기율표의 맨 앞자리를 차지하는 원자 번호 '1'인 우리에게 친숙한 원소다. 수소는 전자 1개와 양성자 1개로 구성된, 가장 단순한 원자 구조를 갖고 있다. 20년 전 존 릭든John S. Rigden은 『수소Hydrogen』라는 제목의 단행본에서 수소 원자 연구가 20세기 인류 정신사의 혁명으로 볼 수 있는 양자역학 발전에 기여한 역사를 정리했다.[1] 그는 원자 세계의 양자 현상들이 발견되고 그 비밀을 명료하게 논의할 수 있게 된 것은 수소 원자 구조의 단순성 덕분이라고 했다. 수소는 현재의 양자물리학이 정립되는 토대를 제공했다는 의미에서 구조는 단순하지만 과학적인 견지에서는 으뜸이 되는 원소라 부를 수 있다.

'수소경제hydrogen economy'라는 단어가 신문이나 인터넷 등에 자주 등장하면서 수소에 대한 관심이 커지고 있다. 당연히 수소가 어떻게 경제에 영향을 주는 것일까 하는 질문을 하게 된다. 릭든이 『수소』를 출간한 2002년, 흥미롭게도 제레미 리프킨Jeremy

Rifkin은 자신의 저서 『수소경제The Hydrogen Economy』에서 수소를 주연료로 사용하는 새로운 경제 체제인 수소경제 시대가 현실화 될 것이라고 전망했다.[2] 여기서 수소는 연료로서의 수소를 말한 다. 수소가 산소와 결합해 물이 만들어지면서 나타나는 반응열을 전기 에너지로 바꿔 사용하는 것이 요점이다. 물이 합성되는 과정 에서 나타나는 이 새로운 연료의 과학적인 특성은 복잡한 구조를 가진 화석연료와 달리 수소의 단순성 덕분에 명료해 보인다.

또 다른 질문이 있다. 석유나 가스 등으로 대표되는 기존 화석 연료가 있는데도 수소가 새로운 연료로 등장하게 된 이유는 무엇 일까. 바로 지구 온난화의 심각성 때문이다. 수소는 화석연료와 달리 지구 온난화의 원인인 이산화탄소 같은 온실기체를 배출하 지 않는다. 지구는 태양 에너지를 받아 일부는 반사하고 일부는 흡수했다가 다시 우주 공간으로 배출해 에너지 출입의 평형을 이 룬다. 대기 중에 있는 수증기나 이산화탄소 같은 온실기체는 지구 표면에서 흑체복사로 배출되는 열을 흡수해 지구의 온도를 15℃ 정도로 온화하게 유지하는 역할을 해왔다. 그러나 이산화탄소 농 도가 높아지면서 흑체복사의 흡수가 많아지고, 그 결과 온도가 차 츰 상승하는 지구 온난화 현상이 일어난 것이다.

수소경제는 수소의 생산, 저장, 수송, 분배, 사용뿐만 아니라 사 회 기반시설과도 연관된 복잡한 문제다. 이런 이유로 수소경제와 관련된 논의는 물리학, 화학뿐만 아니라 공학이나 경제학 등을 아우르는 학제적 성격을 갖지만, 이 책에서는 물리학과 화학 같은 자연과학의 원리가 중요하게 드러나는 주제들을 다루려고 한다. 수소의 결합 반응을 이해하는 데 기초가 되는 공유결합과 열역학의 기본 개념, 수소가 연료 경제성의 척도 중 하나인 에너지 함유량이 월등히 큰 이유, 우주 진화 과정에서 수소가 우주에서 가장 풍부한 원소로 남게 된 이유와 수소경제의 핵심인 연료 에너지를 전기 에너지로 바꾸는 수소연료전지의 원리가 중요한 주제로 논의될 것이다.

현대 사회에서는 일상생활은 물론 대부분의 문명 활동이 전력을 기반으로 이뤄진다. 운송 수단의 동력 기관도 내연기관에서 전기 모터로 바뀌어가고 있고, 재충전 가능한 2차전지를 사용한 전기차battery electric vehicle, BEV가 점차 많아지고 있다. 수소경제 시대의 대표적인 상징으로 등장한 수소전기차fuel cell electric vehicle, FCEV도 전기 모터를 사용한다. 2차전지는 전기를 생산하지는 않지만 전기 에너지를 저장할 수 있는 장치라는 점에서 수소경제와 밀접한 관련이 있다. 2차전지를 사용하는 전기차와 수소전기차는 장단점을 상호 보완하며 미래의 운송 수단으로 자리 매김할 것이다.

우주에는 수소를 연료로 사용하고 있는 별들이 많이 있다. 지구에서 가장 가까운 별인 태양에는 풍부한 수소가 존재한다. 우주의 평균 성분 구성비와 마찬가지로, 태양은 약 75%가 수소로 구성되어 있다. 태양은 이산화탄소가 배출되지 않는 수소 핵융합 에너지를 우주 공간에 쏟아내고 있다. 태양의 중심 온도는 약 1600만 K로, 우주 초기 핵합성이 일어난 빅뱅 이후 3분 즈음의 9억 K보다는 낮지만 밀도와 압력이 높은 환경에서 4개의 수소가 헬륨 핵으로 융합하기에는 충분히 높은 온도다. 질량 결손에 의해 발생하는 수소 1몰mole당 에너지는 탄소를 태울 때 발생하는 에너지의 100만 배 정도로, 엄청나게 크다. 태양은 이 에너지를 빅뱅 38만 년 후 3,000K보다 2배 더 높은 6,000K의 온도를 갖는 표면에서 복사파 형태로 내보낸다.

지구상에서 이뤄지는 대부분의 생명 현상은 태양 에너지에 의존한다. 태양 전지나 풍력발전 등 태양 에너지를 이용하는 것이 수소경제의 핵심 목표다. 태양 에너지는 화석연료와 달리 고갈될 우려가 없다. 지구의 풍부한 물을 분해해서 수소경제의 연료인 수소를 만드는 데 태양 에너지를 사용할 수 있을 것이다. 수소경제 시대의 에너지 흐름이란 간단히 말해 수소를 통해 이산화탄소의 배출 없이 인류 문명 활동에 필요한 에너지를 만들어 내는 데 태양 에너지를 이용하는 것이다.

'수소경제의 과학'이라는 다소 생소해 보일 수 있는 집필 구상을 출판으로 결실 맺게 해주신 출판사 사회평론에 감사드린다. 집필 구상을 한 초기부터 원고 수정, 그림 작업에 이르기까지 도움을 주신 편집팀원들, 특히 초고의 미비한 부분들을 세심하게 수정 보완하여 책의 완성도를 갖추게 해준 송영광 편집자에게 감사드린다.

차례

일러두기

1. 단행본은 『 』, 시와 논문은 「 」, 영화와 작품명은 〈 〉으로 표기했습니다.
2. 외국의 인명과 지명은 국립국어원 어문 규정의 외래어 표기법에 따라 표기했습니다.
   다만 관용적으로 굳어진 일부 용어는 예외를 두었습니다
3. 전문용어는 쉬운 이해를 돕기 위해 대중적으로 통용되는 표기를 따랐으며, 필요할 경우
   ( ) 안에 정확한 단어를 기재했습니다.

1장

왜 지금,
수소인가

'탄소중립carbon neutrality', 그리고 '수소경제hydrogen economy'. 더 이상 낯선 단어가 아니다. 각종 뉴스와 정책 기사에 매우 자주 등장하는 이 단어들은 하나는 탄소, 다른 하나는 수소를 포함하고 있어서 언뜻 생각하면 서로 관련 없어 보인다. 하지만 탄소중립과 수소경제는 모두 전 지구적 기후 문제인 지구 온난화라는 같은 맥락에서 등장했다는 유사성이 있다.

　탄소중립은 이산화탄소 중립이라고 풀어쓸 수 있는데, 화석연료의 필연적 결과물인 온실기체, 즉 이산화탄소carbon dioxide의 순배출을 0으로 줄이는 데 주안점이 있다. 한편, 수소경제는 화석연료의 대안으로서 지금까지 한 번도 사용해본 적 없는 수소를 중심으로 에너지 구조를 바꾸고자 하는 것이다. 가히 혁명적인 대안이다. 결국 탄소중립과 수소경제는 인류가 에너지원으로 사용하는 물질을 탄소에서 수소로 전환하려는 거대하고 획기적인 프로젝트인 것이다.

화석연료를 기반으로 한 탄소경제를 극복하고 탄소중립 그리고 수소경제가 성공적으로 자리 잡기 위해서는 우선 탄소중립이 왜 중요한가, 즉 이산화탄소가 지구 온난화의 주요한 원인이라는 점에 공감대가 형성되어 있는가, 그리고 수소는 탄소의 경제적인 대안인가 등 쉽지 않은 여러 질문에 답할 수 있어야 한다.

오래된 미래, 수소경제

수소경제라는 말을 처음 대중화한 사람은 미국 펜실베이니아대학의 제레미 리프킨Jeremy Rifkin 교수다. 우리나라에도 몇 차례 방문해 강연하는 등 국내에서도 저명한 리프킨은 2002년 『수소경제The Hydrogen Economy』를 출간했다. 국내에서 『수소 혁명』이라는 제목으로 번역된 이 책은 화석연료 시대의 종말을 예고하고, 수소경제 사회의 도래를 예견했다. 다시 말해, 수소가 대중화되는 미래 사회가 다가올 것임을 예측한 것이다. 리프킨에 따르면 수소경제 사회란 수소가 모든 산업의 주연료로 사용되는 새로운 에너지 구조의 사회다. 그는 다가올 수소경제 시대가 수소 생산과 수송을 포함한 색다른 에너지 인프라를 갖춘 새로운 경제 체계가 될 것이라고 전망했다.

그러나 리프킨이 제시한 수소경제 사회가 곧바로 사람들의 주목을 받은 것은 아니었다. 리프킨이 이 책을 출간할 당시는 많은 사람들이 지구 온난화 문제에 관심을 갖기 전이었고, 특히 대기 중 이산화탄소 농도와 지구 온난화 사이의 인과관계에 대해서도 사회적인 공감대가 생기지 않은 상태였다. 게다가 당시 화석연료가 고갈될 것이라는 우려가 심각하게 제기되었던 것과 달리 석유 매장량이 거의 감소하지 않는 등 화석연료를 기반으로 한 기존 경제 구조에 대한 우호적인 시각이 여전히 존재했다. 그런 데다 순수한 수소를 얻는 데 필요한 비용이 매우 비쌌기 때문에 리프킨의 『수소경제』는 오랫동안 하나의 예언서로 남아 있었다.

그러다가 수소경제가 주목받게 된 것은 지구 온난화 문제에 대한 사회적인 합의가 어느 정도 이루어진 다음이다. 지구 온난화가 가속화되면서 일선의 학자뿐만 아니라 일반 대중도 기후 위기의 심각성을 절감하게 됐다. 이런 분위기에 부응해 2021년 노벨물리학상은 이산화탄소 농도와 지구 온난화의 상관관계를 정량적으로 밝힌 프린스턴대학의 마나베 슈쿠로Manabe Syukuro와 막스플랑크 기상연구소의 클라우스 하셀만Klaus Hasselmann에게 돌아갔다. 이산화탄소 배출이 지구 온난화의 주범이라는 생각에 의문의 여지가 없게 된 것이다. 이러한 배경 아래, 이산화탄소를 필연적으로 배출할 수밖에 없는 화석연료의 자리를 수소로 대체하자는 수소경제가 자연스럽게 주목받게 됐다. 수소는 자연에 풍부하게 분포되어 있어 연료가 고갈될 우려가 없고, 연소 과정에서 이산화탄소

대신 물을 만들기 때문에 지구 온난화 문제에서 자유롭다.

이산화탄소 배출의 역사

～～～～

우리에게 흔히 온실기체로 알려져 있는 이산화탄소가 배출되어 온 역사는 사실 지구상에 존재하는 생명의 역사만큼이나 길다. 우리 주변에서 흔히 볼 수 있는 마른 나뭇가지나 풀 등의 주성분은 탄소, 수소, 산소가 화학적으로 결합한 탄수화물carbohydrate이다. 탄수화물이 불에 타면, 즉 공기 중의 산소와 결합하면 탄소는 이산화탄소로, 그리고 수소는 물로 바뀐다. 인류가 불을 발견한 것이 40만 년 전이라고 한다면 그때부터 이산화탄소가 배출된 것이다. 물론 원시인이 불이라는 현상을 이런 화학 반응으로 이해한 건 아니다. 중요한 것은 이산화탄소 배출이 인류의 역사와 함께, 아니 생명의 역사와 함께 계속되어왔다는 사실이다.

이처럼 지구상에서 이산화탄소가 배출되는 것은 당연하게 계속돼왔던 일인데, 우리는 왜 지금 이를 문제 삼는 것일까? 그것은 인류 문명을 비약적으로 도약시킨 산업혁명 이후, 지구가 자정 작용으로 해결할 수 있는 수준을 넘어서는 양으로 이산화탄소가 대규모 배출되고 있기 때문이다.

21세기 현재 전 세계 인구는 80억 명에 육박하지만, 불과 100

여 년 전인 19세기에서 20세기로 넘어가는 시점에는 대략 15억 명에 불과했다. 좀 더 거슬러 올라가보면, 약 6,000년 전 인간이 농경을 시작한 이래 꽤 오랫동안 인구는 거의 변하지 않았다. 그 러다가 18세기부터 조금씩 증가했는데, 19세기 들어 본격적으로 늘어나기 시작한 인구는 20세기에 들어와서 폭발적인 성장세를 보였다.

인구사회학적으로 1700년대 후반부터 1800년대 중반까지를 하나의 중요한 단계로 볼 수 있는데, 이 시기를 '1차 산업혁명first industrial revolution'이라고 부른다. 1차 산업혁명의 도화선이 된 증 기기관이 제임스 와트James Watt에 의해 발명된 것이 1769년으로, 1차 산업혁명은 18세기 후반 시작된 셈이다. 당시에는 그 뒤로 어떤 일이 일어날지, 특히 오늘날의 4차 산업혁명 같은 상황은 상 상도 못 했을 테니 1차 산업혁명은 그냥 산업혁명이라고만 해두

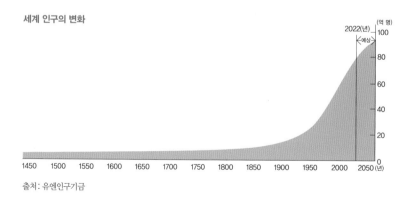

세계 인구의 변화

출처: 유엔인구기금

어도 좋을 것이다. 여기서 중요한 것은, 산업혁명을 가능하게 한 에너지원은 석탄이고, 탄소가 주성분인 석탄을 태우면 이산화탄소가 발생한다는 점이다.

영국에서 시작된 산업혁명은 곧 프랑스 등 유럽 대륙과 미국으로 퍼져 나갔다. 땅에서는 증기기관차가 쉴 새 없이 달리고, 강에서는 증기선이 사람과 물자를 실어 나르며 인류의 삶은 기적처럼 바뀌었다. 당시 세기 전반을 지배했던 사조는 '낭만주의 romanticism'였다. 오늘보다 내일이 더욱 나을 것이란 기대가 있었던, 인류 역사상 가장 달콤한 시기였던 것이다.

이런 낙관적 분위기는 음악, 미술, 문학 등에서 골고루 나타났다. 우리가 잘 아는 낭만주의 시대의 작곡가에는 루트비히 판 베토벤Ludwig van Beethoven, 프레데리크 쇼팽Fryderyk Franciszek Chopin, 펠릭스 멘델스존Jakob Ludwig Felix Mendelssohn-Bartholdy 등이 있고, 소설가에는 1850년 『데이비드 코퍼필드David Copperfield』를 발표한 영국의 찰스 디킨스Charles Dickens, 『허클베리 핀의 모험 The Adventures of Huckleberry Finn』으로 유명한 미국의 마크 트웨인 Mark Twain이 있다. 한편 시인으로는 영국의 윌리엄 워즈워스William Wordsworth를 빼놓을 수 없다. 워즈워스의 유명한 시, 「수선화 Daffodils」는 낭만주의 시대의 활기 있고 낙관적인 분위기를 잘 표현했다.

Daffodils

William Wordsworth

I wandered lonely as a cloud
That floats on high o'er vales and hills,
When all at once I saw a crowd,
A host, of golden daffodils;
Beside the lake, beneath the trees,
Fluttering and dancing in the breeze.

Continuous as the stars that shine
And twinkle on the milky way,
They stretched in never-ending line
Along the margin of a bay:
Ten thousand saw I at a glance,
Tossing their heads in sprightly dance.

The waves beside them danced; but they
Out-did the sparkling waves in glee:
A poet could not but be gay,
In such a jocund company:
I gazed—and gazed—but little thought
What wealth the show to me had brought:

For oft, when on my couch I lie
In vacant or in pensive mood,
They flash upon that inward eye
Which is the bliss of solitude;
And then my heart with pleasure fills,
And dances with the daffodils.

워즈워스의 시는 낭만주의 시대의 대표 문학으로 여겨진다. 그 중 「수선화」는 자연의 무한한 아름다움을 보고 느낀 화자의 풍요로운 감상을 잘 드러낸다. 구름처럼 외롭게 방황하다가 우연히 마주친 한 무리의 노란 수선화에 대한 이야기로 시작하는 이 시는 수선화에 대한 추억이 화자에게 얼마나 큰 축복이 되었는지에 관한 회상으로 마친다.

과학적 견지에서 볼 때, 산업혁명은 열역학thermodynamics과 손잡고 발전했다. 열역학은 문자 그대로 열heat과 일work의 관계를 다루는 과학의 핵심 분야다. 열역학이 발전한 것은 산업혁명 당시 더욱 효율적인 증기기관을 만들려는 시대적 과제에 부응한 결과였다. 증기기관은 열을 가해 물을 끓일 때 생기는 증기의 힘으로 기계를 작동시켜 일을 하게 만드는 장치를 말한다. 효율적인 증기기관을 만드는 것은 결국 최대한 손실 없이 열을 일로 변환하는 문제로 귀결됐다. 제임스 줄James Joule은 일과 열의 변환을 정량적으로 조사해서 에너지 보존 법칙으로 알려진 열역학 제1법칙의 초석을 놓았다. 한편, 독일의 루돌프 클라우지우스Rudolf Clausius는 외부에서 일을 해주지 않고서는 낮은 온도의 물체에서 높은 온도의 물체로 열을 이동시킬 수 없다는 열역학 제2법칙을 정리했다.

산업혁명 초창기에는 열이 일로 변환되는 비율, 즉 열효율이 굉장히 좋지 않았다. 석탄 채굴량보다 증기기관의 석탄 사용량이 더 많은 경우도 있었다. 와트가 증기기관을 발명했을 당시, 전 세계적으로 뻗어 나가던 영국 해군은 전함을 건조하기 위해 엄청난 양의 목재를 필요로 했다. 그래서 당시 영국 정부는 일반 가정에서 난방용으로 목재를 사용하는 것을 금지하고 석탄을 사용하라고 장려했다. 석탄 수요가 늘어나 석탄 채굴이 활발해지자 예상치 못한 문제가 발생했다. 석탄을 캐기 위해 광산을 깊이 파 내려갈수록 광산에서 물이 차올랐던 것이다. 광산의 물을 퍼내기 위해 펌프가 필요했고, 물을 퍼내는 펌프의 효율이 중요해졌다. 산업혁명 초창기에는 펌프가 물을 퍼 올리는 데 사용하는 석탄보다 더 많은 석탄을 캐내는 데 주안점이 있었다. 열효율이 중요했던 것이다.

18세기 후반 영국을 중심으로 한 증기기관 시대에는 장작이나 석탄이 주된 에너지원이었으나, 19세기 후반에는 휘발유를 사용하는 자동차가 탄생하는 등 내연기관이 발전하면서 변화가 나타났다. 미국을 중심으로 유전에서의 석유 생산이 본격화되고 자동차 산업이 발전하면서 석유가 주된 에너지원으로 등장한 것이다. 19세기 후반 교통기관에 석유가 활발하게 사용되기 시작하면서 교통 혁명이 일어났다. 고체인 석탄과 달리 액체인 석유는 특히나 교통기관에 유용했다. 이후 두 번에 걸친 세계대전을 겪는 동안 석유의 중요성은 점차 커졌고, 그에 따라 석유 산업은 더욱 발전했다.

산업혁명 이후 인류는 이전과 비교할 수 없을 정도로 개선된 삶을 살게 되었지만, 그 대가가 없는 것은 아니었다. 산업혁명의 동력이자 에너지원이었던 석탄과 이후 등장한 석유의 사용량이 늘어나면서 지구 온난화에 심각한 영향을 미치는 이산화탄소 배출량 또한 크게 증가했다.

고대 육상 식물들이 죽어서 지하에 오랜 시간 동안 쌓여 있다가 높은 온도와 압력의 영향을 받아 만들어진 석탄은 탄소가 주성분이다. 해양생물들이 지하에 쌓여 있다가 높은 온도와 압력의 영향을 받아 만들어진 석유는 옥테인octane, C_8H_{18} 같은 탄화수소hydrocarbon가 주성분이다. 이렇게 화석처럼 오랜 시간 묻혀 있으면서 만들어진 석유, 석탄 같은 연료를 화석연료라고 부른다. 화석연료인 석탄과 석유는 연소하면, 즉 공기 중의 산소와 결합하면 이산화탄소를 발생시킨다. 다시 말해, 석탄이건 석유건 탄소를 포함한 화석연료를 태울 때는 반드시 이산화탄소가 나온다.

이산화탄소는 지구 온난화의 주범일까

대기 중 이산화탄소 농도는 산업화 이전에는 280ppm 정도였으리라 추정되는데, 최근에는 420ppm 정도에 이른다. 쉽게 말해, 1.5배가 된 것이다. 미량의 기체를 측정하는 데 사용되는 농도의 단위인 ppm은 '파트 퍼 밀리언parts per million'의 약자로, 1ppm은 1/100만에 해당한다. 지구의 대기를 이루는 성분을 살펴보면 질소가 78%, 산소가 21% 정도를 차지한다. 나머지 1% 중 0.9%는 아르곤이고, 그다음 나머지 0.1%는 이산화탄소와 메테인, 수증기 등이 차지한다. 1%는 1/100, 0.1%는 1/1000, 1ppm은 0.1%의 1/1000이므로, 이산화탄소 농도가 420ppm이라는 말은 공기 중의 질소, 산소, 아르곤을 제외하고 남은 0.1% 중에서 절반 정도가 이산화탄소라는 뜻이다. 즉, 만 명의 관중으로 꽉 찬 경기장이 있다면 그중 4명이 이산화탄소인 셈이다. 공기 전체에 비하면 적은 양이지만 대기의 주성분인 질소, 산소를 제외한 미량 성분 중에서는 큰 몫을 차지하는 게 틀림없다.

대기 중 이산화탄소 농도의 증가세를 정밀하게 측정해 탄소중립 논의를 촉발시킨 과학자로 미국의 기후과학자인 찰스 데이비드 킬링Charles David Keeling을 빼놓을 수 없다. 1958년, 캘리포니아 주 태평양 해변 라호야에 위치한 스크립스해양연구소Scripps Institute of Oceanography에서 연구를 시작한 킬링은 하와이 마우나로아산 정상 4,000미터에 관측소를 설치하고 1958년부터 2005년 그가 사망하기 전까지 대략 50년에 걸쳐 이산화탄소 농도를 측정했다.

킬링 곡선으로 알려진 아래 그림은 두 가지 흐름을 확실히 보여준다. 첫 번째, 킬링이 측정한 1958년부터 2005년까지 대기 중 이산화탄소 농도가 315ppm에서 380ppm까지 거의 일정하게 증가해왔다는 점이다. 킬링의 뒤를 이어서 후배 과학자들이 측정한 이산화탄소 농도 역시 계속 증가세를 보이며 2020년

415ppm에 근접했다. 또 하나 흥미로운 것은, 이산화탄소 농도의 연중 월별 변화다. 식물은 잎을 통해 흡수한 이산화탄소와 뿌리로부터 흡수한 물, 그리고 태양 에너지를 사용해서 포도당을 만드는 광합성을 해서 살아간다. 따라서 대기 중 이산화탄소 농도는 나뭇잎이 무성해져 광합성이 활발해지는 여름에는 감소하다가 식물

마우나로아산에서 측정한 대기 중 이산화탄소 농도 변화

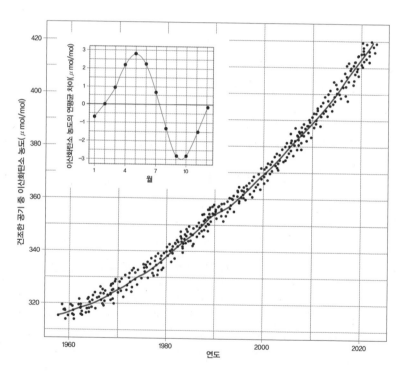

출처: Dr. Pieter Tans, NOAA/ESRL and Dr. Ralph Keeling, Scripps Institution of Oceanography
주: 좌측 상단에 삽입된 그림은 연평균 이산화탄소 농도와 비교한 월별 이산화탄소 농도 변화.

의 성장이 멈춰 대기로부터 이산화탄소의 흡수가 중단되는 9월 말부터 다시 증가하기 시작해 다음 해 5월 초 최고치에 도달한다. 이처럼 킬링 곡선은 이산화탄소 농도의 지속적인 증가 흐름에 1년 단위로 자연에서 일어나는 광합성의 주기적 효과가 더해진 것이다.

킬링 곡선이 보여주는 두 가지 흐름 중 우리가 주목해야 할 것은 첫 번째, 즉 20세기 후반 들어 대기 중 이산화탄소 농도가 꾸준히 증가했다는 점이다. 이 같은 움직임은 전 세계적으로 인구가 증가하면서 그에 따라 화석연료의 사용이 늘어나기 시작한 것과 시기를 같이한다. 그렇다면 과연 이산화탄소 농도가 증가한 것이 인간 활동에서 비롯된 결과라는 추측이 옳을까? 혹시 이 같은 상관관계가 우연한 결과는 아닐까? 이러한 질문에 답하기 위해서는 시대를 훨씬 더 거슬러 올라가 인류가 존재하지 않았던 수만 년, 수십만 년 전 어떤 자연적인 이유로 이산화탄소 농도가 280~400ppm에 도달한 적이 있었는지 살펴봐야 한다. 만일 인류가 존재하지 않았던 과거에는 대기 중 이산화탄소 농도가 280ppm을 크게 넘어선 적이 없었다는 것이 밝혀진다면 킬링 곡선이 보여주는 이산화탄소의 지속적 증가세는 인간 활동의 결과라는 주장이 힘을 얻게 될 것이다.

그런데 인류가 존재하지 않았던 먼 과거의 대기 중 이산화탄소 농도는 어떻게 측정할 수 있을까? 다행히도 과거 대기에 관한 정보는 극지방과 그린란드의 빙하에 기록되어 있다. 극지방에 눈이 내리면 차곡차곡 쌓이면서 압력에 의해 눈이 얼음으로 바뀐다. 그 과정에서 얼음은 다량의 공기 방울을 포함하게 되는데, 그 공기 방울을 통해 과거 대기에 관한 정보를 얻을 수 있다. 당연히 먼 과거의 기록일수록 더욱 깊이 있는 얼음에 저장되어 있을 것이다. 빙하에서 수직 방향으로 지름 10~20센티미터, 길이 10~20미터 정도의 원통형 빙하 코어ice core를 단계적으로 채취하고 이를 여러 개의 단면으로 나누어 녹이면 공기 방울들이 분리된다. 이렇게 얻은 과거의 대기에선 당시 이산화탄소 농도와 온도에 관한 정보를 얻을 수 있다. 천체물리학에서 더 멀리 있는 은하일수록 더 먼 과거 우주의 정보를 알아낼 수 있는 것과 마찬가지로, 더 깊은 데서 채취한 빙하 코어일수록 더 먼 과거 지구 대기의 정보를 알아낼 수 있다. 흥미롭게도, 이런 식의 빙하 코어 연구는 킬링 곡선 조사와 마찬가지로 1950년대에 시작됐는데, 지금까지 조사된 가장 깊은 빙하 코어는 표면에서 무려 3,270미터 깊이에서 채취됐고, 74만 년 전 과거의 대기를 품고 있었다.

빙하 코어 연구를 통해 알아낸 과거 지구의 대기 환경은 매우 흥미롭다. 대략 80만 년 동안 지구에선 약 10만 년 단위로 온도가 낮은 빙하기glacial period와 10℃ 정도 온도가 높은 간빙기 interglacial period가 반복됐다. 흥미로운 것은 이산화탄소 농도 변화와 지구의 평균 온도 변화가 전체 패턴에서 세부적인 면에 이르기까지 놀라울 정도로 닮았다는 점이다. 또한 10만 년마다 찾아온 모든 간빙기 때 이산화탄소 농도는 일정하게 280ppm에 도달했다. 그런데 최근에는 이산화탄소 농도가 280ppm을 넘어서 400ppm을 향해 수직 상승하고 있다. 산업혁명 직전인 1800년경 지구 대기 중 이산화탄소 농도가 280ppm 정도로 추정된다는 것을 생각해볼 때, 산업혁명 이후 전 세계적으로 인구가 급격히 증가한 데 따라 화석연료 사용량이 가파르게 증가하면서 대기 중 이산화탄소 농도 또한 급격하게 상승했다는 결론을 부정하기 어렵다.

과거 지구 대기의 이산화탄소 농도와 온도 변화

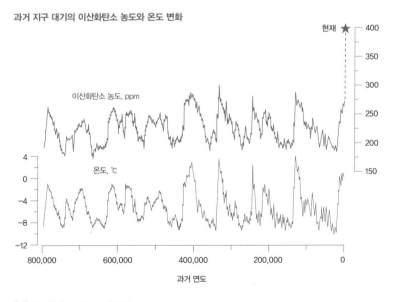

출처: J.D. Shakun, Harvard Univ

그렇다면 이렇게 증가한 이산화탄소가 지구 온난화의 주범이 맞을까? 이산화탄소의 온실효과green house effect를 처음 과학적으로 분석한 사람은 산과 염기에 관한 이론으로 1903년 노벨화학상을 수상한 스웨덴의 스반테 아레니우스Svante Arrhenius다. 아레니우스는 1896년 발표한 논문에서 대기 중 이산화탄소 농도를 반으로 줄이면 지구 표면 온도를 5℃ 정도 낮출 수 있을 것이라고 주장했다. 하지만 아레니우스가 연구했던 당시는 컴퓨터가 발명되기 훨씬 전이어서 그는 이산화탄소의 온실효과에 관한 자신의 모델을 확인할 방법이 없었다.

그에 반해, 2021년 노벨물리학상을 수상한 마나베와 하셀만은 전 지구적인 수학적 기후 모델을 확립하는 데 컴퓨터의 덕을 크게 본 셈이다. 미국 프린스턴대학 수석기상학자로 일하고 있는 마나베와 막스플랑크기상연구소 교수로 재직 중인 하셀만은 지구 기후 예측을 주제로 연구를 수행했다. 마나베와 하셀만이 수행한 연구의 핵심은 미래의 지구 기후를 예측할 수학적 모델을 만들고 고성능 컴퓨터로 이를 검증한 것이다.

마나베는 대기 중 이산화탄소 농도가 상승하는 데 따라 지구 표면 온도가 얼마나 상승할지를 계산했다. 연구 초기, 그는 지표면 고도에 따른 1차원적 모델을 연구하다가 컴퓨터 성능이 점차 향상되면서 수평 방향을 고려해 3차원으로 확대된 모델을 연구했다. 특히 고도가 높아질수록 기온이 내려가는 효과를 반영한 것은 마나베의 중요한 업적 중 하나로 인정받는다. 한편 하셀만은 인간 활동이 지구 온난화에 끼친 영향을 구체적으로 계산해보았다. 그는 자연 현상과 인간 활동이 기후에 동시에 영향을 줄 때, 둘의 영향을 각각 어떻게 구별해야 하는지 연구했다. 특히 자연 현상에 의한 이산화탄소 농도 변화에 인간 활동의 영향이 더해졌을 때 전 지구적인 온도 변화를 설명할 수 있다는 것을 계산해보임으로써

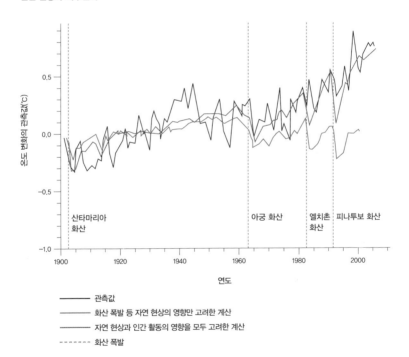

인간 활동과 기후변화

1901~1950년 평균 기온을 기준으로 한 온도 변화 비교 그래프. 하셀만은 인간 활동과 자연 현상에 의한 대기 온난화의 지문(fingerprints)을 구별할 수 있는 방법을 개발했다.
출처: Hergrel and Zweirs(2011)

인간 활동이 급증한 데 따른 이산화탄소 농도 증가가 지구 온난화를 가속한다는 것을 증명해냈다.

이산화탄소는 어떻게 지구 온난화를 일으키는가

이산화탄소는 어떻게 지구를 덥게 만드는 것일까? 이산화탄소가 지구 온난화를 일으키는 이유를 알기 위해서는 흑체복사 원리를 알아야 한다.

모든 물체의 표면에서는 전자기파의 흡수와 방출이 일어나는데, 모든 파장의 빛을 반사 없이 모두 흡수하는 물체를 물리학에서는 이상적인 '흑체'라고 말한다. 전자기파는 짧은 파장을 갖는 감마선부터 긴 파장을 갖는 전파에 이르기까지 스펙트럼이 굉장히 넓다. 모든 전자기파를 온전히 흡수하는 이상적인 흑체는 차치하고, 전자기파 중 가시광선에 국한하여 이야기해보자. 가시광선을 스펙트럼으로 나타내보면 우리가 흔히 무지갯색이라고 말하는 빨강, 주황, 노랑, 초록, 파랑, 남색, 보라색이 펼쳐진다. 우리가 눈앞의 사과를 붉은색으로 보는 것은 사과가 가시광선 파장 중 유독 붉은색은 흡수하지 않고 반사하기 때문이다. 나뭇잎이 초록색으로 보이는 것은 나뭇잎이 초록색을 제외한 나머지 가시광선은 흡수하고 초록색 계열의 빛은 반사하기 때문이다. 이처럼 가시광선

파장대 중에서 특정한 파장은 흡수하지 않고 반사하거나 통과시키는 비흑체는 우리 눈에 다양한 색으로 보인다. 반면 가시광선의 모든 파장에 해당하는 빛을 흡수하는 물체는 검게 보인다. 가시광선 영역에서 흑체인 셈이다.

복사radiation는 대류convection, 전도conduction와 함께 에너지가 전달되는 방법 중 하나다. 방 한구석에 난로를 피워놓으면, 난로와 가까운 쪽의 데워진 공기는 위로 올라가고 위에 있던 차가운 공기는 아래로 내려간다. 그러면 내려간 공기는 난로와 가까워지면서 데워져 올라가고 위에서 식은 공기는 다시 내려간다. 이 과정이 반복되면서 방 전체가 따뜻해진다. 이처럼 공기 같은 물질이 직접 움직여서 열 에너지를 전달하는 경우를 대류라고 한다. 지구에서는 해류와 맨틀대류 등에서 이 같은 움직임을 볼 수 있다. 전도는 쇠꼬챙이를 불에 달굴 때 한쪽 끝이 뜨거워지면 반대쪽도 점점 뜨거워지는 것처럼, 물질 자체가 움직이지는 않지만 물질을 이루고 있는 입자 간의 직접적인 접촉을 통해 열이 전달되는 경우를 말한다. 이처럼 대류와 전도는 열 전달을 매개하는 물체, 즉 매질이 필요하다. 한편 복사는 열이 매질을 통하지 않고 전자기파electromagnetic wave에 의해 직접 전달되는 에너지 전달 방식이다. 대류, 전도와 달리 에너지 전달에 매질이 필요하지 않다.

흑체와 복사가 합쳐진 흑체복사란 말 그대로 흑체 표면에서 전자기파가 방출되는 현상이다. 흑체복사는 19세기에서 20세기로 넘어가는 시점에 막스 플랑크Max Plank가 에너지 양자quantum라는 혁명적 생각을 도입해 설명한 개념으로, 알버트 아인슈타인Albert Einstein의 상대성 이론과 함께 20세기 과학의 양대 축을 이루는 양자론을 출범시킨 핵심 개념이다.

외부에서 들어오는 전자기파를 모두 흡수하는 흑체 또한 온도를 갖는 물체이므로 당연히 전자기파를 방출한다. 그런데 흑체가 방출하는 이 전자기파, 흑체복사가 독특한 점은 전자기파의 파장 분포가 오직 흑체의 온도에 의해서만 결정되고, 각 온도에 해당하는 고유한 흑체복사 스펙트럼을 나타낸다는 점이다. 여기에서 스펙트럼이란 어떤 물체가 내는 빛을 프리즘 같은 장치를 사용해서 파장별로 분리해 각 파장에서 나오는 빛의 강도를 나타낸 것이다. 온도에 따라 흑체의 스펙트럼이 결정된다는 것은 매우 중요한 의미를 갖는다. 거꾸로 말해서, 어떤 흑체가 내뿜는 복사 스펙트럼을 얻기만 하면 그 흑체의 표면 온도를 알 수 있다는 이야기가 되기 때문이다.

태양 표면의 온도가 높을까, 아니면 지구의 중심 온도가 높을까? 흥미롭게도 두 값 모두 6,000K 정도로 비슷하다. 그렇다면 어느 쪽이 측정하기 쉬울까? 언뜻 생각하기엔 지구의 중심 온도를 측정하는 것이 더 쉬울 것 같지만 그렇지 않다. 지구로부터 빛의 속도로 약 8분 거리, 즉 약 1억 5000만 킬로미터 떨어져 있는 태양 표면의 온도를 구하는 것이 더 쉽다. 지구 중심에 자리 잡은 고체 상태의 철과 니켈로 이루어진 내핵이 방출하는 빛을 직접 분석하는 것은 불가능하지만 햇빛은 손쉽게 얻어 분석할 수 있기 때문이다. 태양에서 방출되는 흑체복사 스펙트럼을 이용하면 태양 표면의 온도를 쉽게 유추할 수 있다.

1911년 노벨물리학상을 수상한 독일의 물리학자 빌헬름 빈 Wilhelm Wien은 스펙트럼의 최대 광도에 해당하는 파장이 온도에 반비례한다는 것을 발견하고, 이를 빈의 변위법칙이라 이름 붙였다.

$$\lambda \max = b/T^{\bullet}$$

여기서 광도란 전자기파의 세기에 해당하는 양이다. 그리고 여기서의 온도는 우리가 평소에 쓰는 섭씨온도(℃) 체계가 아닌 절대온도(K)다. 섭씨온도와 절대온도 사이에는 'K=℃+273'의 관계가 있다. 태양 표면의 온도에 해당하는 6,000K에서는 파장이 0.5 마이크로미터 정도인 가시광선, 특히 노란색에서 광도가 최고가 되고 자외선도 상당량 나온다. 온도 6,000K의 흑체가 노란색에서 광도가 최고가 된다는 말은 우리에게 이 흑체가 노란색으로 보인다는 뜻이다. 태양 표면 온도의 절반인 3,000K에서 최대 광도가 되는 파장은 6,000K의 경우보다 2배 긴 1마이크로미터다. 지구

● λmax는 최대 광도에 해당하는 파장, T는 절대온도.

표면 온도인 300K 정도에서는 10마이크로미터 파장의 적외선이 강하게 나온다. 다시 말해, 흑체의 온도가 낮아질수록 최대 광도가 작아질 뿐만 아니라 최대 광도에 해당하는 파장이 길어진다.

흑체복사 스펙트럼은 최대 광도에 해당하는 파장이 온도에 반비례한다는 빈의 변위법칙 외에도 또 하나 눈여겨보아야 할 지점이 있다. 흑체복사 스펙트럼 그래프를 잘 살펴보면, 각 온도의 흑체복사 스펙트럼은 광도의 최고점을 중심으로 비대칭적인 모양새를 보인다. 예컨대 온도가 높은 흑체복사 스펙트럼일수록 광도의 최고점에서 단파장 쪽으로 광도가 급격하게 떨어진다. 이처럼 흑체복사 스펙트럼이 온도에 따라 비대칭적인 모양을 갖고 있기 때문에 우리는 스펙트럼의 모양을 통해 거꾸로 흑체의 온도를 추론할 수 있다.

흑체복사 스펙트럼

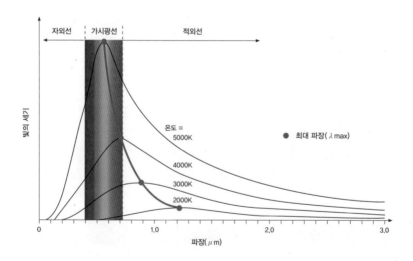

어떤 물체에서 이런 특징이 보이는 복사 스펙트럼을 관측했다면 빈의 변위법칙을 이용해 물체의 온도를 추론할 수 있는 것이다.

태양을 예로 들어보자. 지구에 도달하는 햇빛의 복사 스펙트럼을 분석하면 스펙트럼의 광도가 최대치에 도달하는 파장을 구할 수 있다. 태양의 복사 스펙트럼이 흑체복사 스펙트럼이라고 가정하고 빈의 변위법칙을 적용해 온도를 구했더니 6,000K가 얻어졌다고 하자. 온도값을 구하고 난 다음에는 거꾸로 이 스펙트럼이 정말 흑체복사 스펙트럼이 맞는지 확인해야 한다. 6,000K에 해당하는 흑체복사 스펙트럼에서 최대 광도 주변의 파장에 따른 광도 분포를 확인해서 그 비대칭적인 스펙트럼이 관측치와 잘 맞으면 우리는 태양 표면이 6,000K에 해당하는 흑체라는 것을 알 수 있게 된다. 태양 같은 별들이나 지구를 포함한 행성들은 이상적인 흑체는 아니지만 이들 표면에서의 전자파 방출은 대체로 각각의 온도에 해당하는 흑체복사로 볼 수 있다.

이제 지구 온난화를 흑체복사와 관련지어 생각해보자. 앞에서 살펴본 대로 태양 에너지는 가시광선, 그리고 자외선에 집중된 흑체복사다. 태양에서 방출된 복사 에너지가 지구에 도착하면 가장 먼저 지구의 대기와 만난다. 이때 태양 복사 에너지의 30%는 대기의 구름 등에 의해 반사되어 다시 우주 공간으로 빠져나간다. 나머지 70% 정도가 지구 표면에 도달해 흡수되는데, 이는 지구 대기 중 이산화탄소 같은 온실기체가 가시광선과 자외선을 흡수하지 않기 때문에 가능한 일이다.

　지구가 온실기체에 의해 더워지는 것은 그다음 과정부터다. 태양 복사 에너지에 의해 데워진 지구 표면에서 방출되는 흑체복사는 태양이 주로 방출하는 가시광선 및 자외선보다 파장이 훨씬 긴 적외선에 해당한다. 그런데 대기 중 온실기체는 가시광선이나 자외선을 흡수하지 않고 통과시키는 것과 달리 적외선은 흡수하는 성질을 가지고 있다. 따라서 지구 복사 에너지 중 일부는 온실기체에 포획되지 않고 대기를 통과해서 우주 공간으로 빠져나가지만, 대부분은 대기 중 온실기체와 구름 등에 의해 흡수됐다가 사방으로 방출된다. 즉, 지구 복사 에너지는 제대로 방출되지 않고 지구 표면에 다시 흡수된다. 따라서 실제로 지구 표면에 흡수되는 에너지는 온실기체가 없을 때보다 훨씬 많아진다. 이를 온실효과라고 한다. 이러한 온실효과에 의해 지구는 평균 온도 15℃에서 에너지 평형 상태를 이루고 있다.

　지구 대기에 온실기체가 없다면 지구의 평균 온도는 영하 15℃ 정도가 됐을 것으로 추정된다. 현재 지구의 평균 온도가 대략 15℃인 것으로 미루어볼 때, 지구상에 존재하는 생물에게 온실효과는 매우 중요한 역할을 한다는 것을 알 수 있다. 온실효과가 없는 영하 15℃의 지구에서 인류의 생활은 지금과 무척 다를 것이다. 이처럼 적당한 양의 온실기체는 우리가 사는 온화한 환경인 '골디락스 존Goldiloks zone'을 가능하게 해주는 중요한 요소다. 그러나 정도가 지나치면 모자람만 못하다는 말이 있듯이, 대기 중 이산화탄소 양이 더욱 증가하면 지구의 온도 역시 더욱 올라갈 수밖에 없다. 대기 중 이산화탄소 농도가 상승하면 지구 표면 온도가 얼마나 올라갈지를 연구해서 2021년 노벨물리학상을 수상한 마나베는 이산화탄소 농도가 300ppm에서 600ppm으로 2배 증가하면 지구의 평균 온도는 2.5℃에서 4℃까지 높아질 것이라는 연구 결과를 발표했다.

태양 에너지와 온실효과

태양 복사 에너지의 일부는 지구 대기와 지표면에 의해 반사되고, 나머지는 흡수된다(①). 흡수된 태양 복사 에너지에 의해 데워진 지구는 적외선을 방출하는데, 적외 복사의 일부는 대기를 통과하지만 대부분은 온실기체에 포획된다(②). 이렇게 붙잡힌 복사 에너지는 다시 사방으로 방출되어 지구의 표면과 대기를 덥힌다(③).
출처: Le Treut, H. et al. Historical Overview of Climate Change(2007)

녹고 있는 북극의 빙하 30년 전과 비교하면 여름철을 기준으로 북극 빙하는 25%밖에 남지 않은 상황이다.

지구 평균 온도는 산업화 이전에 비해 이미 1℃ 이상 상승한 상태다. 인간의 체온을 기준으로 1℃ 정도 오르는 건 참을 만한 일아니냐고 생각할지도 모른다. 그러나 체온이 1.5℃ 높아져 38℃가 되면 우리는 몸살로 엄청난 고통을 겪는다. 하물며 전 지구의 평균 온도가 1.5℃ 상승하는 것은 결코 가볍게 볼 일이 아니다. 우리는 이미 지구의 기온이 상승한 데 따른 결과를 몸소 겪고 있다. 최근 전 세계적으로 가뭄, 홍수 등 기상이변이 계속되고 있다. 북극의 얼음이 녹아내리면서 북극곰은 삶의 터전을 잃고 있다. 해수면이 점점 상승해 해안 침수 피해를 겪는 인구가 늘고 있으며, 많은 생물이 멸종 위기에 처해 있다. 이대로라면 과연 지구가 골디락스 행성의 지위를 계속 유지할 수 있을까 하는 심각한 질문을 마주하게 될 것이다.

이산화탄소 감축을 위한 노력

~~~~~~~

지구 온난화 문제에 대한 국제적 논의가 시작된 것은 1992년 6월 브라질 리우에서 열린 리우회의부터다. 리우회의에서 선진국을 중심으로 한 세계 185개 국은 지구 온난화를 방지하기 위해 온실기체의 인위적 방출을 규제하기 위한 '기후변화에 관한 유엔 기본협약', 줄여서 '유엔기후변화협약'을 맺었다. 1997년에는 이를 이행하기 위해 '교토기후협약', 즉 '교토의정서Kyoto Protocol'를 만들었다.

2005년 2월 공식 발효된 교토의정서의 요지는 유엔의 주요 선진국 37개 국을 대상으로 2008년부터 2012년까지 이산화탄소 등 6종의 온실기체 배출량을 1990년 대비 5.2% 감축하자는 것이다. 하지만 개발도상국의 대표 주자인 중국과 인도가 온실기체 감축 의무에서 제외되고, 미국과 일본 등 선진국은 자국 산업 보호를 이유로 탈퇴하는 등 실효성이 없었다. 그러다가 지구 온난화가 시급한 문제로 인식되면서 2020년에 만료되는 교토의정서를 대신할 구속력 있는 협약의 필요성이 제기됐다. 이에 2015년 12월 프랑스 파리에서 열린 파리총회에서 195개 유엔 회원국이 협약 당사자로 참여하는 '파리협약Paris Agreement'이 체결됐다.

파리협약에서는 온실기체 배출량을 국가별로 지정하는 대신, 지구 평균 온도 상승폭을 산업화 이전보다 2℃ 이상 상승하지 않는 상당히 낮은 수준으로 유지하는 것, 더 나아가 1.5℃ 이하로 묶

어두는 것을 장기 목표로 정했다. 선진국만 온실기체 감축 의무가 있었던 교토의정서와 달리 195개 국 모두에 적용되는 보편적인 합의였다. 이를 위해 국가별로 온실기체 감축량과 감축 속도를 자체적으로 정하되 5년마다 상향된 목표를 제출하고, 이행 상황 및 달성 경과를 정기적으로 보고하도록 했다.

최근에는 기후변화가 미래의 위기가 아닌 당장의 위기라는 인식이 더욱 심화되면서 영국과 프랑스 등 유럽연합 국가들을 중심으로 '2050년 탄소중립', 즉 2050년까지 이산화탄소 순배출량(배출량-흡수량)을 '0'으로 만들겠다는 더욱 확실한 목표가 등장했다. '넷제로net zero'는 탄소 제로carbon zero, 탄소중립과 같은 말이다. 불가피하게 이산화탄소를 배출할 경우, 그만큼 다른 데서 흡수해 실질적인 배출량을 '0'으로 만들자는 것이다. 영국과 프랑스 등은 이미 2050년까지 탄소중립을 달성하겠다는 내용의 법을 만든 바 있으며, 우리나라도 2050년 탄소중립 목표에 동참하기로 선언한 상태다.

탄소중립, 다시 말해 넷제로를 이뤄내기 위해서는 이산화탄소 배출량을 줄이는 것도 중요하지만 불가피하게 배출된 이산화탄소를 어디서 어떻게 흡수할 것인지도 매우 중요하다. 이산화탄소(CO_2)는 물(H_2O)에 녹으면 탄산(H_2CO_3)이 된다. 탄산은 산성 물질이기 때문에 알칼리성 용액에 통과시키면 산과 염기가 반응해 물과 염이 생성되는 중화 반응이 일어난다. 이 중화 반응을 통해 이산화탄소는 물속에 흡수되거나 침전한다. 칠판에 글씨를 쓸 때 사용하는 분필은 탄산칼슘($CaCO_3$)이라는 물질로 이뤄져 있는데, 이 분필 한 자루에 탄소중립의 열쇠가 들어 있다. 수십억 년 전 원시 지구의 대기에는 지금보다 이산화탄소가 많았다. 대기 중 풍부했던 이산화탄소가 염기성인 바닷물에 대량 녹으면서 탄산칼슘으로 변화, 침전했다. 이것이 수억 년, 수십억 년 후 우리 앞에 석회석으로 나타난 것이다. 분필 한 자루에서 배우는 온고지신의 가르침이 탄소중립을 이루는 데 보탬이 될 수 있을 것이다.

　인생 후반전은 전반전에 축적된 습관의 결과라는 말이 있다. 인류 역사의 후반전이 화석연료라는 습관에서 벗어나지 못해 전 지구적으로 기후 재앙을 안고 살아가는 상황이 될지, 화석연료를 완전히 수소로 대체한 수소경제의 혜택을 누리는 상황이 될지 두고 볼 일이다.

생각해볼 것들

1. 과연 수소경제는 다가오고 있는가?
2. 왜 이산화탄소가 온실기체로 지목되는가?
3. 왜 지구의 표면 온도는 300K 정도로 유지되는가?

2장

수소는
어디에서 왔나

수소경제를 논할 때 자주 언급되는 말이 있다. 수소는 우주 질량의 3/4을 차지하는 가장 풍부한 원소라는 것이다. 우주의 70% 정도는 암흑에너지로, 25% 정도는 암흑물질로, 나머지 5% 정도는 원자를 구성하는 보통 물질로 이루어져 있다. 암흑에너지란 빛을 발하지 않아서 볼 수 없는 정체불명의 에너지인데, 보통 물질이나 암흑물질과 달리 질량이 없어서 우리에게 친숙한 중력 작용이 나타나지 않고, 음의 압력을 주는 특이한 중력 작용으로 우주를 가속 팽창시킨다. 암흑물질은 질량을 가지고 중력 작용을 나타내지만 암흑에너지와 마찬가지로 빛과 상호작용하지 않아서 볼 수 없다. 수소는 질량을 가지고 빛과 상호작용하는 나머지 보통 물질의 대부분을 차지하는 셈인데, 아무튼 수소가 원자 세계에서 으뜸가는 위치를 차지하는 것은 틀림없다.

　수소는 어떻게 보통 물질의 대부분을 차지하게 됐을까? 우주가 탄생하는 순간에 해당하는 빅뱅에 그 답이 있다. 이 장에서는 우주의 탄생, 빅뱅을 간략하게 살펴본 후, 초기 우주에서 어떻게 수소가 생겨났으며, 우주 전체 보통 물질의 3/4을 차지하게 됐는지 다루기로 한다.

우주 탄생의 비밀, 빅뱅

우주는 어느 방향으로 봐도 수소가 가장 풍부하다는 면에서, 그리고 수소를 주원료로 만들어진 별과 은하들이 골고루 퍼져 있다는 면에서 공간적으로 균질하다. 그런 한편, 우주는 동시에 비균질적이기도 하다. 밤하늘의 별과 별 사이에는 별 크기의 1000만 배에 달하는 빈 공간이 존재한다. 별의 모임인 성단과 성단 사이도 마찬가지다. 이렇게 보면 우주에는 엄청난 규모의 비균질성이 존재한다. 그러나 은하나 은하단 등 거시적인 시각에서 전 우주적 규모를 바라보면 이러한 비균질성은 희석되고 우주는 균질해 보인다.

이러한 우주의 균질성은 과거로 거슬러 올라가도 그대로 유지될까? 빛은 광속으로 알려진 유한한 속도로 전달되기 때문에 빛이 출발한 지점이 멀수록 도착하는데 시간이 더 걸린다. 즉, 오래전 과거를 보려면 멀리 봐야 한다. 1990년 미국항공우주국National Aeronautics and Space Administration, NASA 과학자들은 가시광선 영역에서 작동하는 허블 우주망원경Hubble Space Telescope을 지구 대기

'허블울트라딥필드'와 한 송이 장미 130억 광년 거리에 존재하는 어느 은하가 100억 년 진화하면 탄소와 산소, 그리고 장미와 빗방울을 가지게 될지도 모른다. 은하의 꿈이랄까.

권 밖으로 쏘아 올리고 먼 우주를 관찰하기 시작했다. 이 망원경이 찍어낸 수많은 사진 중에서 가장 유명한 것은 11일에 걸친 장시간의 노출을 통해 얻은 '허블울트라딥필드Hubble Ultra Deep Field'라는 작품이다. 아무것도 없으리라 생각했던 은하와 은하 사이의 빈 공간에 망원경의 초점을 맞추고 계속 관찰했더니 새로운 은하들이 모습을 드러냈다. 이 은하들 사이를 파고들어 더 먼 과거로 거슬러 올라가면 훨씬 더 유아기의 은하들을 볼 수 있다.

과거의 은하들은 두 가지 면에서 뚜렷한 특징을 보인다. 첫 번째는 그 은하에 포함된 어떤 원소의 스펙트럼이 장파장 쪽으로 이동한다는 점이다. 원자가 방출하는 전자기파는 저마다 고유한 파장 분포를 갖는데, 이를 원자의 스펙트럼이라고 부른다. 가시광선에서는 빨간색이 장파장이고, 보라색이 단파장에 해당한다. 빛은 초당 30만 킬로미터라는 일정한 속도로 이동하기 때문에 빛에서 파장이 늘어난다는 것은 1초에 진동하는 횟수, 즉 진동수가 낮아진다는 뜻이다. 그래야 늘어난 파장과 낮아진 진동수를 곱한 값, 즉 광속이 일정하게 유지된다. 소리를 예로 들면, 고음은 진동수가 높은 음에, 저음은 진동수가 낮은 음에 해당한다. 그런데 일정한 음을 내는 물체가 관찰자로부터 멀어지면 저음을 내는 것처럼 들린다. 멀어질수록 진동수가 낮아지는 것이다. 이를 '도플러 효과Doppler effect'라고 한다. 모든 은하는 도플러 효과와 비슷한 효과를 낸다. 다시 말해, 멀어지는 은하가 내는 스펙트럼은 멀어지는 속도가 빠를수록 파장이 더욱 늘어난다.

더욱 중요한 점은 '적색편이red shift'라고 알려진 이 편이의 정도가 그 은하까지의 거리에 비례한다는 것이다. 이러한 비례 관계는 1920년대 미국 캘리포니아 주 로스앤젤레스 교외의 윌슨산 천문대에서 일하던 에드윈 허블Edwin Hubble이 지구에서 비교적 가까운 40개 정도의 은하를 조사하다가 발견했다. 허블은 이 결과를 1929년 하나의 논문으로 발표했는데, 논문에 수록된 아래 그래프는 이 비례 관계를 잘 보여준다.

아래는 이 논문에 등장하는 유일한 그래프로, x축은 은하까지의 거리를 100만 파섹parsec 단위로 나타내고, y축은 적색편이의 정도, 즉 은하의 후퇴 속도를 초당 킬로미터km/sec 단위로 나타낸다. 파섹은 천체 사이의 거리를 나타내는 단위로 1파섹은 3.26광년에 해당한다. 그러니까 그래프에서 가장 오른쪽에 있는 점들은 약

허블의 법칙

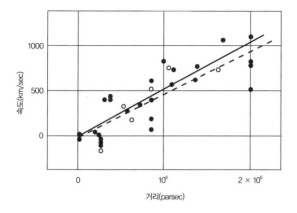

은하까지의 거리가 멀수록 은하의 후퇴 속도는 빨라진다.
출처: E. Hubble, PNAS 15(3), 168(1929)

700만 광년 거리에 있는 은하를 나타낸다. 700만 광년이라면 허블울트라딥필드가 잡아낸 130억 광년의 1/2000에 해당하는, 비교적 가까운 거리다.

그래프를 통해 볼 수 있듯이, 은하까지의 거리가 멀수록 은하의 후퇴 속도는 빨라진다. 허블은 당시 거리 측정 기술의 한계 때문에 상당한 오차가 있지만, 은하의 거리와 적색편이 사이에는 확실히 비례 관계가 존재하는 것으로 보인다고 말했다. 이것이 현대 우주론을 지탱하는 기둥 중 하나인 허블 법칙이다. 나중에 우주 전체에 확장 적용된 허블 법칙은 우주 공간 자체가 팽창한다는 것을 알려주었다. 팽창하는 공간을 과거로 되돌리면 빅뱅우주라고 불리는, 아주 작지만 온도와 에너지 밀도가 엄청나게 높은 초기 우주로 접근할 것이다.

　그런데 빅뱅우주에 관한 아이디어를 허블보다 먼저 떠올린 사람이 있었다. 벨기에의 가톨릭 사제이자 이론물리학자였던 조지 르메트르Georges Lemaitre가 바로 그다. 르메트르는 1916년 발표된 아인슈타인의 일반상대성에 관한 방정식을 풀어서 우주의 구조를 연구했다. 1927년 그는 잘 알려지지 않은 저널에 발표한 논문에서 '원시 원자primeval atom'라고 부른 한 점에서 출발해 팽창하는 우주의 모습을 서술하면서, 특히 모든 은하들이 서로로부터 멀어지고 거리가 멀수록 멀어지는 속도가 커진다는 결론을 내렸다. 그러나 르메트르의 논문은 당시 크게 주목을 받지 못했기에 1929년 허블의 논문에도 인용되지 못했다. 다만 약 1세기 후, 르메트르의 논문이 재조명받으면서 허블 법칙은 2018년 8월 국제천문연맹 연회에서 78%의 찬성 투표로 허블-르메트르 법칙으로 재명명됐다.

　허블울트라딥필드가 보여주는 첫 번째 특이한 점이 적색편이라면, 두 번째 특이한 점은 아주 멀리 있는 은하에서는 수소와 헬륨만 보인다는 것이다. 물론 자세히 보면 수소의 1/100만에 해당하는 미량의 리튬도 보이기는 한다. 이것은 초기 우주에서는 수소와 헬륨, 그리고 약간의 리튬이 만들어졌고, 먼 훗날 별과 은하가 태어나고 진화하면서 탄소, 산소 등 무거운 원소들이 만들어졌음을 여실히 보여준다.

허블 우주망원경은 가시광선 영역을 중심으로 근자외선에서 근적외선까지만 관측할 수 있기 때문에 적색편이가 매우 커서 가시광선의 빨간색을 벗어나는, 진정한 초기 은하는 볼 수 없다. 허블 울트라딥필드가 보여주는 적색 은하가 막 제 발로 일어선 첫돌을 맞은 애라면 갓 태어난 초기 은하는 겨우 백일을 맞은 아기로, 이 은하의 스펙트럼은 가시광선을 훨씬 벗어나 적외선으로 이동했을 것이기 때문이다.

2021년 12월 25일, 미국항공우주국은 제2대 국장 제임스 웹 James Webb의 이름을 딴 제임스 웹 우주망원경을 발사했다. 지구

제임스 웹 우주망원경 더욱 먼 우주를 더욱 깊이 들여다볼 수 있는 차세대 우주망원경. 빅뱅 이후 초기 우주 연구에 크게 기여할 것으로 기대된다.

에서 150만 킬로미터 떨어진 궤도에서 우주 탐사 임무를 수행하게 될 제임스 웹 우주망원경은 거울의 지름이 6.5미터로 허블 우주망원경보다 2.7배 크고, 해상도도 100배 뛰어나다. 또, 가시광선의 적색 영역에서 중적외선 영역까지 관측하는데, 이는 허블 우주망원경이 관찰할 수 있는 근적외선보다 파장이 10배나 긴 영역이다. 따라서 제임스 웹 우주망원경은 우주의 첫 번째 빛을 검출할 수 있다. 135억 년 전 갓 태어난 별에서 나오는 자외선이나 가시광선이 적색편이에 의해 파장이 길어진 적외선 신호를 검출할 수 있기 때문이다. 제임스 웹 우주망원경은 초기 은하의 관찰을 통해 초기 우주 연구에 크게 기여할 것으로 기대된다.

인플레이션 이론

～～～～

우주 탄생의 순간에 해당하는 빅뱅은 과학의 접근을 불허한다. 빅뱅우주론에 따르면 우주의 최초 순간에 모든 것은 한 점에 모여 있었다. 우주의 나이와 크기가 0인 한 점에 불과했다면 우주의 온도와 밀도는 무한대였을 텐데, 과학은 무한대를 다룰 수 없다. 과학의 사전에는 무한대라는 것이 없다. 그래서 과학은 빅뱅의 순간 직후부터 논의를 시작한다.

그런데 그렇게 하다 보면 하나의 모순에 빠지게 된다. 이를 '우주 지평선 문제cosmic horizon problem'라 한다. 빅뱅 이후 광속으로 열의 정보가 전달되어 균일한 온도를 갖게 되는 열평형 상태의 최대 영역, 즉 빛이 도달할 수 있는 최대 거리를 지평선이라고 하는데, 문제는 초기 우주가 아무리 작더라도 지평선을 넘는 크기를 가졌을 것이라는 점이다. 예를 들어, 이 장 후반부에 설명할 우주 배경복사가 시작되는 우주의 나이가 38만 년이라고 할 때, 지평선은 빛이 38만 년 동안 이동한 크기인 38만 광년이 될 것이다. 그런데 우주 팽창을 거꾸로 계산해보면 현재 관측된 온도가 2.7K인 138억 광년 크기의 우주는 38만 년이었을 때 지평선인 38만 광년의 약 70배 크기다. 부피로 보면 열평형이 가능한 지평선보다 30만 배나 큰 영역이 어떻게 같은 온도였을지 의문이 든다. 더욱이 수소의 우주 성분비가 결정되는 우주의 나이 1초에서 같은 계산을 해보면, 크기 차이는 억만 배 이상이 되고 문제는 더욱 심각해진다. 수소가 우주에 골고루 퍼져 있다는 것을 설명하지 못하는 문제가 발생하는 것이다.

우주 지평선 문제에 대한 해결의 실마리는 1980년대 초 앨런 구스Allan Guth가 제안한 인플레이션 이론Inflation Theory에 의해 찾아졌다. 구스의 인플레이션 이론에 따르면 우주는 평형 상태인 빅뱅우주의 균질성을 유지한 채 10^{-36} 내지 10^{-32}초 정도의 아주 짧은 시간 동안, 빛의 속도와는 비교할 수 없을 정도의 빠른 속도로 급격하게 팽창했다. 이 이론은 약 40년 동안 실제 관측과의 정밀한 비교를 거쳐 거듭 보완 수정되면서 지금은 빅뱅우주론의 주류로 자리를 잡아가고 있다.

그런데 앞서 이야기한 대로 우주는 전반적으로 균질하지만 그 위에 비균질성의 외피를 입은 모습을 가지고 있다. 그렇다면 이러한 비균질성은 미세하게나마 인플레이션 이전의 초기 우주에 내재되어 있어야 한다. '양자요동quantum fluctuation'이라 불리는 초기 우주의 에너지 밀도에 존재하는 미세한 요동은 1932년 노벨물리학상을 수상한 베르너 하이젠베르크Werner Heisenberg의 불확정성 원리로 설명할 수 있다.

$$(\Delta x) \times (\Delta p_x) \geq \frac{h}{4\pi}$$

이 원리에 따르면 원자 수준의 미시 세계에서는 위치의 불확정성(Δx)과 운동량의 불확정성(Δp_x)이 서로 연결되어 있어서 독립적으로 작은 값을 갖지 못하고, 한쪽이 작아지면 다른 쪽이 커질 수밖에 없다. 예를 들어, 위치를 정확히 알려고 하면 운동량의 정확성은 줄어든다.

이 관계를 시간(t)과 에너지(E)에 적용하면, 미시 세계에서 어떤 현상의 시간 불확실성(Δt)과 그 현상과 관련된 에너지의 불확실성(ΔE)의 곱은 0이 될 수 없고, 플랑크 상수인 h라는 아주 작은 양자역학의 기본 상수보다 커야 한다.

$$(\Delta t) \times (\Delta E) \geq \frac{h}{4\pi}$$

초기 우주의 이웃한 두 영역은 시간의 불확정성(Δt)이 매우 작을 것이다. 우주의 나이 자체가 적기 때문이다. 그러면 두 영역의 에너지 불확정성(ΔE)은 유한한 크기 이상의 값을 갖게 된다. 현재 우리가 보는 별과 은하, 그리고 은하의 클러스터와 슈퍼 클러스터 등의 구조는 초기 우주의 양자요동이 138억 년 동안 암흑물질의 중력 작용에 의해 확대되어 만들어진 결과다.

빅뱅 이후 '1초'

지금까지 인플레이션과 양자요동 등 수소가 형성되기 전, 아주 초기 빅뱅우주에서 일어난 사건에 대해 알아보았다. 이제는 수소로 돌아갈 차례다.

수소는 전자 1개와 양성자 1개로 구성된 가장 간단한 구조의 원소다. 빅뱅 이후 최초로 만들어진 원소이기도 하다. 초기 우주에서 수소에 관해 중요한 이정표로는 하나만 기억하면 된다. 우주의 수소 성분비를 정해주는 핵심 요소인 양성자와 중성자의 비율이 정해지는 일련의 과정이 시작되는 빅뱅 이후 1초다. 이제부터 등장하는 시간은 모두 빅뱅을 기준으로 한다. 수소경제를 논의하

수소 원자 모형

는 지금은 빅뱅 138억 년인 셈이다.

우주는 급팽창한 이후 열평형 상태를 유지한 채 계속 팽창하면서 온도가 감소했다. 이때 우주의 온도는 표준 우주 모형으로 계산할 수 있는데, 대략 다음 식으로 추정할 수 있다.

$$T \cong 10^{10}/\sqrt{t}$$

여기서 t는 초 단위이고 온도(T)는 절대온도 K다. 그러니까 우주의 나이가 1초일 때 온도는 대략 10^{10}K, 100억 K다. 100억 K의 뜨거운 초기 우주에선 광양자, 양성자, 전자 이외에 전자와 질량은 같고 전하가 반대인 양전자, 양성자와 질량이 거의 같지만 중성인 중성자neutron, 그리고 중성미자neutrino와 반중성미자들이 서로 상호작용하면서 열적 평형 상태를 이루고 있었다. 여기서 주목할 것은 이때 전자와 양전자, 그리고 중성미자와 반중성미자가 우주에서 수소의 양이 정해지는데 어떤 역할을 하는가 하는 문제다.

양성자와 중성자는 우주의 나이가 10^{-5}초 정도일 때 '쿼크quark'라고 불리는 보다 기본적인 입자들의 결합으로 만들어졌다. 양성자는 2개의 위쿼크up quark와 1개의 아래쿼크down quark 조합으로, 중성자는 1개의 위쿼크와 2개의 아래쿼크 조합으로 만들어진 입자다. 그런데 중성자는 양성자보다 질량이 약간 크다. 우리는 아인슈타인이 만든 그 유명한, 질량과 에너지의 관계를 나타내는 상대론적 식 '$E=mc^2$'을 잘 알고 있다. 이 식에 의해 중성자는 양성자보다 질량 및 에너지가 약간 더 큼을 알 수 있다.

100억 K의 뜨거운 우주에서 중성자와 양성자는 베타평형을 이룬다. 다시 말해, 질량과 에너지가 약간 큰 중성자는 질량과 에너지가 약간 작은 양성자로 바뀌고, 양성자는 반대로 중성자로 바뀌는 평형이 이루어진다. 물론 이때 질량이 큰 중성자가 질량이 작은 양성자로 바뀌는 과정이 양성자가 중성자로 바뀌는 역과정보다 빠르게 이뤄지기 때문에 결과적으로 양성자가 중성자보다 많아진다. 그런데 중성자는 전하가 '0'이기 때문에 '+1'의 전하●를 갖는 양성자가 되기 위해서는 '+1'의 전하를 갖는 양전자가 필요하고, 양성자가 중성자로 바뀔 때는 '−1'의 전하를 갖는 전자가 필요하다. 더 자세히 보면 핵의 베타붕괴에서 밝혀진 것처럼 양성자가 중성자가 되기 위해서는 전자와 더불어 중성미자도 필요하고, 반대 과정에서는 반중성미자가 필요하다.

1초가 조금 지나면 약한 상호작용인 중성미자와 반중성미자의

●   전하의 기본 단위는 $e=1.6\times10^{-19}$C(쿨롱).

반응률이 우주의 팽창 속도에 비해 현저히 줄어들면서 양성자-중성자의 평형이 깨지기 시작한다. 우주가 점차 식어 60억 K가 되면 전자와 양전자 쌍이 만들어질 수 있는 최소 온도인 문턱 온도에 이른다. 아인슈타인의 $E=mc^2$ 식은 우리 주위의 실제 상황에는 적용되지 않는데, 초기 우주에서 수소가 만들어지는 매우 중요한 상황에서는 다음과 같이 실감 나게 적용된다. 알려진 전자의 질량(m)에 광속의 제곱(c^2)을 곱하면 전자의 질량 자체에 대한 에너지(E)가 얻어진다. 그리고 온도가 T일 때 입자가 갖는 평균 열에너지는 kT*다. kT의 에너지를 갖는 2개의 광양자가 충돌하면 전자 양전자 쌍을 만들 수 있는데, kT가 전자의 질량 에너지보다 클 때만 가능하다. 이 온도를 전자-양전자 쌍이 만들어질 수 있는 문턱 온도라고 한다. 전자의 질량 에너지 값을 이용하면 간단한 계산을 통해 문턱 온도가 60억 K라는 것을 알 수 있다.

이후 우주의 온도가 60억 K 이하로 떨어지면 전자와 양전자의 생성은 현저히 줄어든다. 우주의 시간은 1초가 조금 지난 후다. 그러고 보면 우주의 나이가 1초 정도라는 것은 양성자와 중성자 사이의 평형을 중개해주는 전자와 양전자, 중성미자와 반중성미자의 역할이 끝났다는 것을 뜻한다. 평형 상태일 때 양성자, 중성자의 비는 온도에 의해 정해지는데 평형 상태 이후에는 평형 상태가

● k는 볼츠만 상수로 알려진 1.38×10^{-23}J/K값의 상수.

끝나는 때의 비율로 고정된다. 아무튼 온도가 급격히 떨어지면서 우주의 양성자, 즉 수소 원자핵은 안정화됐다고 볼 수 있다. 안정된 양성자와는 달리 879.4초의 짧은 평균 수명을 갖고 있는 중성자는 금세 붕괴하기 때문에 중성자의 비는 조금 더 줄어들어 본격적인 핵합성이 이루어지는 3분 정도에는 중성자 1개당 7개 정도의 양성자가 존재한다.

수소 핵을 제외한 모든 원소의 핵에는 양성자 수와 같거나 많은 중성자가 들어 있다. 수명이 짧은 중성자가 어떻게 138억 년이나 지난 지금도 남아 있을 수 있는가 하는 의문에는 우주 초기의 짧은 순간에 진행된 숨 가쁜 중성자의 생존 전략에 그 해답이 있다. 즉, 핵합성을 통해 원자핵 속에서 피신처를 구한 것이다. 이때 우주의 온도는 충분히 낮아지지만, 핵결합을 막을 정도는 아니다. 예를 들어, 중성자가 양성자를 만나 강한 핵력nuclear force으로 결합하면 중수소deuterium라는 핵이 만들어지는데, 이때 많은 에너지를 내보내기 때문에 붕괴에 필요한 에너지마저 잃게 된다.

이후 양성자와 중성자가 충돌해서 헬륨을 만드는 무거운 핵의 합성이 일어나는데, 수소에서 헬륨으로 바뀌는 과정에선 중수소가 중요한 중간 역할을 한다. 양성자 1개와 중성자 1개가 강한 핵력으로 뭉친 중수소가 좀 불안정했다면 중수소가 만들어지는 즉시 양성자와 중성자로 붕괴해서 우주는 수소만 존재하는 상태로 끝났을 것이다. 그러나 중수소는 중성자 1개와 추가적으로 충돌해서 삼중수소를 만들기도 하고, 양성자 1개와 다시 충돌해서 헬륨-3이라는 헬륨의 동위원소를 만들기도 했다. 동위원소는 양성자 수가 같아서 주기율표에서 같은 위치에 들어가는데 중성자 수가 달라서 질량은 다른 입자를 말한다. 중수소는 우주에서 처음 만들어진 핵심적인 동위원소다. 흥미롭게도 중수소는 중성자가 발견된 1932년보다 앞선 1931년에 발견됐다. 중수소를 발견한 해럴드 유리Harold Urey는 중성자를 발견한 제임스 채드윅James Chadwick보다 1년 앞서 노벨화학상을 수상했다.

삼중수소는 다시 양성자와 만나 헬륨-4를, 헬륨-3은 다시 중성자와 만나 헬륨-4를 만들었다. 모두 팽창하는 우주에서 온도가 급격히 떨어지는 3분 사이에 일어난 일이다. 헬륨 합성이 끝났을 때 헬륨과 수소의 질량비는 1:3이 됐을 것이다. 핵합성이 시작됐을 때 중성자와 양성자의 개수 비율은 1:7인데, 모든 중성자는 같은 수의 양성자와 합쳐져서 헬륨이 됐을 것이다. 질량으로 보면, 중성자와 양성자의 질량비 1:7에서 출발해 핵합성 이후 헬륨과 수소의 질량비는 $(1+1):(7-1)=2:6$, 즉 1:3이 됐을 것이다. 이렇게 빅뱅 핵합성을 통해 결정된 1:3의 헬륨 대 수소의 질량비는 현재까지 유지되고 있다.

지금까지 편의상 수소, 헬륨이라고 부른 입자는 엄밀히 말하면 수소와 헬륨의 원자핵이다. 수소나 헬륨 원자가 되려면 전자와 결합해야 하는데, 수억 도의 온도에서 전자는 운동에너지가 너무 커서 핵에 붙잡혀 있지 못하고 우주 공간을 떠돈다. 이런 전자는 빛과 계속 충돌해서 빛의 직진을 방해하고 우주를 불투명하게 만든다. 그러다가 우주의 나이가 38만 년 정도 되어서 온도가 3,000K 정도로 떨어지면 전자는 원자핵에 붙잡혀 중성원자를 만들고 빛은 자유로워져서 우주는 갑자기 투명해진다. 여기까지가 빅뱅 핵합성을 거쳐 중성원자가 만들어지는 초기 우주의 역사에 해당한다.

빅뱅의 강력한 증거

초기 우주에 대한 이야기를 마무리하는 이 시점에 우주는 우주배경복사라는 빅뱅의 가장 강력한 증거를 남겨두었다. 우주배경복사란 우주의 나이가 38만 년이 됐을 때 수소 원자를 만들면서 우주를 채웠던 빛이 우주가 팽창하면서 적색편이를 해서 마이크로파에서 검출되리라 예상되는 복사다. 여기서 수소의 역할이 드러나는데, 우주배경복사는 양성자가 전자와 결합해 수소 원자로 변환되면서 투명한 우주가 만들어졌기에 가능했던 일이다.

1989년, 코비Cosmic Background Explorer, COBE로 알려진 우주배경복사 탐사 위성이 발사됐다. 이 위성에는 두 가지 관측 장비가 탑재됐는데 미국항공우주국의 존 매더John Mather는 우주배경복사가 균질성과 흑체복사의 특성을 나타내는지 확인하는 장비를 책임지고, 로렌스버클리국립연구소의 조지 스무트George Smoot는 이 복사가 균질성을 얼마나 벗어나는지, 즉 비균질성을 잡아내는 데 관심이 있었다. 발사 후 약 1년 동안 코비가 지구로 전송한 데이터들은 빅뱅 이론의 정밀도를 놀랄 만큼 확인해주었고, 결국 두 사람은 2006년 노벨물리학상을 수상했다. 이후 빅뱅우주론은 정밀과학이 됐다.

매더와 스무트 이전, 우주배경복사를 처음 검출한 과학자는 미국 뉴저지 주에 있는 벨연구소의 아노 펜지어스Arno Penzias와 로버트 윌슨Robert Wilson이다. 1965년 펜지어스와 윌슨이 지상의 안테나로 잡아낸 우주배경복사는 대략 3K에 해당했다. 펜지어스와 윌슨은 이 공로로 1978년 노벨물리학상을 수상했고, 이후 빅뱅우주론은 대중에게 널리 소개됐다. 하지만 펜지어스와 윌슨이 잡아낸 우주배경복사 약 3K의 정확도로는 우주의 비균질성까지 확인할 수 없었다. 이들 연구를 이어받은 매더는 2.725K까지 정밀하게 온도를 측정했고, 매더가 관찰한 스펙트럼은 우리가 앞에서 살펴본 흑체복사 스펙트럼을 정확히 나타냈다. 3K에 해당하는 흑체복사 스펙트럼은 1,000마이크로미터, 즉 1밀리미터에 해당하는 마이크로파 영역에서 최대 강도를 나타내는데, 이와 일치한다.

한편 스무트는 우주배경복사의 균질성을 정밀하게 확인하면서, 동시에 1/10만 정도에 해당하는 우주배경복사의 비균질성

WMAP에서 관측한 온도의 비균질 정도 붉은색(파란색)은 평균 온도 2.72K보다 ±200μK 정도로 높은(낮은) 영역이다.

도 존재한다는 것을 확인했다(위의 그림을 참조하라). 초기 우주에서 가장 온도가 높은 부분과 가장 온도가 낮은 부분의 온도 차이가 0.0001K 정도밖에 안 되지만 확실히 존재한다는 뜻이다. 초기 우주의 비균질성은 인플레이션 이론과 양자요동으로 충분히 예견됐으나, 관측적 증거가 없던 상황에서 증거를 찾은 것이다. 그 미세한 온도 차이가 138억 년 동안 확대되어 오늘날 전반적으로 균질하지만 그 위에 비균질성이라는 옷을 입은, 우리가 보는 우주가 된 셈이다.

우주배경복사는 빅뱅우주론의 가장 강력한 증거로 받아들여진다. 허블 법칙은 우주의 팽창을 최근 우주에서부터 과거로 거슬러 올라가면서 관찰했다. 1929년 허블이 발견한 것은 기껏해야 700

만 광년 거리에 있는 은하가 멀어져간다는 사실이었다. 700만 광년은 138억 광년의 0.05%에 불과한 가까운 거리다. 그러니까 허블 법칙으로 우주의 나이를 계산하는 것은 70세 정도의 노인이 최근 몇 달 사이에 흰머리가 얼마 늘었는지를 보고 나이를 미루어 짐작하는 것이나 다름없다. 반면에 우주의 나이가 38만 년에 불과한 초기 우주에서 나온 배경복사를 검출하는 것은 노년기의 우주가 자신이 태어난 다음 날 자신의 응애 소리를 듣는 것에 해당한다. 그래서 우주배경복사는 빅뱅의 메아리, 우주의 화석 등으로 불리기도 한다.

가까운 경치, 중간 정도 거리의 경치, 그리고 먼 곳의 경치가 잘 조화되면 좋은 풍경화가 된다. 우주의 풍경에서 태양계를 포함한 우리 은하까지를 가까운 근경으로 볼 수 있다면 허블 법칙에 등장하는 우리의 이웃 안드로메다은하부터 허블울트라딥필드에 이르는 약 130억 광년까지는 중간 지대로 볼 수 있다. 지금까지 우리는 우주가 태어난 직후, 빅뱅우주의 풍경을 살펴보았다. 수소가 태어난 것은 바로 이 빅뱅우주에서의 일이다.

우주적 신토불이

~~~~~~~~

앞에서 살펴본 것처럼 수소는 138억 년 전 빅뱅우주에서 태어났다. 한편 탄소, 산소 등은 그 이후로 오랜 세월이 흐른 뒤인 수십억 년 후 별의 내부에서 태어났다. 이런 비밀이 풀린 것은 최근 50년 정도 이내의 일이다. 자연에는 100가지 정도의 화학 원소가 존재하는데, 그중 탄소중립과 수소경제에 직접 관련된 원소는 수소, 탄소, 산소 세 가지뿐이다. 수소는 수소경제의 새로운 에너지원으로 등장한 원소고, 탄소는 화석연료에 공통적으로 포함된 원소고, 산소는 이들을 산화시켜 열을 발생시키는 원소다. 산화 과정에서 나오는 화합물로는 이산화탄소와 물이 있다. 물(H_2O)은 수소(H)와 산소(O)의 화합물이고, 이산화탄소(CO_2)는 탄소(C)와 산소(O)의 화합물이다.

원소란 물질 세계를 구성하는 기본 물질이다. 한때는 원소가 물질의 가장 기본적인 단위라고 여겨졌으나, 이후 물질에 관한 연구가 계속되면서 물질은 보다 기본적인 입자, 쿼크로 이루어졌다는 것이 밝혀졌다. 여기에서는 원소를 화학적으로 더 이상 간단한 물질로 나눌 수 없는 물질로 정의하자. 약 100년 전부터 인간이 다룰 수 있었던 에너지를 가지고 다른 원소로 바꿀 수 없는 물질이라고 생각하면 된다. 아이작 뉴턴Isaac Newton은 역학이나 광학보다 연금술에 훨씬 더 많은 시간을 매달렸다. 납을 금으로 바꾸는 원소의 변환을 실험한 것이다. 그러나 당시 용광로로 도달할 수 있었던 최고치인 수천 도 정도의 온도로는 납을 금으로 바꾸기는커녕 금을 납으로 바꾸는 것도 불가능했다. 마찬가지로 수소,

탄소, 산소는 서로 바꿀 수 없으며, 확실히 구분되는 원소임에 틀림없다.

우주 전체의 원소 분포를 보면 원자의 개수 면에서 수소가 90% 정도로 압도적으로 많고, 비율 면에서 두 번째를 차지하는 헬륨은 10% 정도를 차지한다. 그런데 헬륨은 다른 원소와 전혀 반응하지 않아 화합물을 만들지 않는 독불장군이라서 덮어두어도 좋다. 그 다음으로 산소와 탄소가 반올림해서 각각 수소 1,000개당 1개 정도 비율로 존재한다. 산소가 수소의 0.08%로, 0.05%인 탄소보다 약간 많기는 하다. 우주 전체에는 태양과 비슷한 별이 약 1,000억 (10^{11})개 들어 있는 은하가 다시 1,000억 개 정도 있다. 우주의 별 수는 대략 $10^{11} \times 10^{11} = 10^{22}$개 정도로 추산되는 셈이다. 그런데 태양계의 중심에 자리 잡은 태양을 조사해보면 원소 분포 비율이 수소, 헬륨이 9:1 정도로 나오고, 나머지 원소는 극히 일부에 불과하다. 우주 전체의 원소 분포비와 비슷하다. 그러니까 원소 분포 측면에서 볼 때, 우리가 매일 보는 태양은 우주 전체를 대변하는 셈이다.

그런데 그렇게 멀리 떨어져 있는 은하의 원소 성분을 어떻게 알 수 있을까? 19세기 전반에 활약했던 프랑스의 실증주의 철학자 오귀스트 콩트Auguste Comte는 "우리가 별의 위치나 운동 등은 조사할 수 있지만, 별의 화학 성분은 알 방법이 없다"는 말을 남겼다. 별의 성분을 실증하려면 별의 시료를 가져다가 조사해야 하는

데, 별에 갈 수 없으니 조사할 방법이 없다고 생각한 것이다. 그런데 그가 죽은 지 불과 2년 후인 1859년, 분광학spectroscopy이라는 분야가 등장해서 별빛을 분석해 별의 조성을 알아낼 수 있게 됐다. 콩트의 한계는 인류 전체의 한계였지만, 과학이 인간의 시야를 확대해줄 수 있다는 사실을 잘 보여주는 사례이기도 하다.

다시 원소 분포 이야기로 돌아와보자. 지구, 특히 우리 몸도 우주 전체의 원소 분포와 유사한 모습을 보일까? 우주 전체와 우리 주위의 수소는 원소 분포 면에서 일맥상통하는 점도 있고, 다른 점도 있다. 지구에서 수소는 우주와 달리 순수한 형태가 아닌 화합물 형태로만 존재한다. 인체 구성을 살펴보면 상위 3종 원소는 질량 면에서 볼 때 산소, 탄소, 수소 순이다. 산소가 65%, 탄소가 18%, 수소가 10% 정도다. 우주에서는 수소의 질량이 75% 정도인 데 비해 인체에는 산소가 많고 수소는 적은 것이 특이하다. 인체에는 물이 많기 때문이다. 그런데 이 비율을 원자 개수로 환산하려면 각 원소의 질량비를 원소의 상대적 질량으로 나누어야 한다. 과학에서 원소의 상대적 질량을 '원자량atomic weight'이라고 하는데, 수소를 '1'이라고 하면 탄소는 '12', 산소는 '16' 정도가 된다. 따라서 원자 개수 비율은 산소는 '4'(=65/16), 탄소는 '1.5'(=18/12), 수소는 '10'(=10/1)이다. 이렇게 보면 원자 개수의 순서는 우주 전체적으로나 우리 몸에서나 수소, 산소, 탄소 순서가 된다. 우주적 신토불이라고 할 수 있다. 신토불이는 우리가 태어난 땅에서 나온 먹거리가 우리 몸에 잘 맞는다는 뜻인데, 우리 몸의 원소와 수억 광년 떨어진 어떤 은하의 원소 사이에 이 같은 유사성이 있다는 것은 놀라운 일이다. 뉴턴이 만유인력을 지상에서 우주에 이르기까지 확대한 것과도 상통한다.

생각해볼 것들

1. 우주에서 가장 풍부한 수소가 왜 태양계에서도 가장 풍부한가?
2. 빅뱅우주에서 수소는 어떻게 만들어졌나?

3장

반응열을 통해 본
수소의 경제성

우리 사회는 화석연료 에너지를 기반으로 문명의 발전을 이뤄왔다. 주에너지원으로 사용된 화석연료의 변천을 보면 인류 역사 초기부터 사용된 나무에서 산업혁명을 이끈 석탄에 이어 석유, 그리고 천연가스로 바뀌어왔다. 흥미로운 것은 연료의 성분 중 탄소에 비해 수소가 차지하는 비율이 나무는 0.1인데 반해 석탄은 1, 석유는 2, 그리고 천연가스는 4로 증가한다는 점이다. 연료에서 탄소의 비중이 적어지는 탈 탄소화 과정이 진행되고 있는 것이다. 경제적으로는 연료의 단위 무게당 에너지 함유량이 증가하는 방향으로 바뀌어왔다. 이는 수소경제에서도 마찬가지다. 탈 탄소화의 정점에 있는 수소경제가 타당성을 지니려면 탄소를 기반으로 하는 화석연료에 비해 경제적이어야 한다.

그런데 현재 인류가 주로 사용하는 에너지원인 석유만 하더라도 지난 100년에 걸쳐 시추 및 채유의 경험뿐만 아니라 효율적인 이용 방식에 관한 경험이 축적돼왔다. 하지만 수소는 한 번도 대규모로 생산하려고 시도된 적이 없고, 이용 방법 또한 계속 연구가 이뤄지고 있는 분야다. 이 때문에 석유와 수소의 경제성을 직접 비교하는 것은 어려운 일이다. 그래서 여기서는 단순히 같은 무게의 탄소와 수소가 연소할 때 발생하는 에너지, 즉 반응열을 통해 두 연료의 경제성을 비교해보기로 하겠다.

반응열, 즉 수소와 탄소가 각각 산소와 결합할 때 발생하는 에너지는 분자를 이루는 결합 구조나 반응의 자발성 등과 밀접한 관련이 있다. 따라서 각각의 반응열을 비교하기에 앞서 분자의 결합 구조와 반응의 자발성 등을 먼저 살펴보고, 이어서 수소의 경제성에 대해 다루기로 한다.

공유는 즐겁다

~~~~~~

18세기 후반 수소, 산소, 이산화탄소 등이 발견됐지만 당시엔 아직 이들이 연속적인 물질인지, 또는 하나하나 셀 수 있는 원자 또는 원자가 결합한 분자 상태로 존재하는 물질인지는 알지 못했다. 19세기 초 존 돌턴John Dalton의 원자설, 아메데오 아보가드로 Amedeo Avogadro의 분자설이 제시되면서 수소는 H_2, 산소는 O_2, 이산화탄소는 CO_2로, 원자들이 결합한 분자라는 사실이 알려졌다. 각 분자의 결합 방식이 모두 같은지, 만약 다르다면 어떤 차이가 있는지 등 화학 결합에 대한 이론이 자리 잡은 것은 100년 이상 지난 20세기, 양자론이라는 현대 과학이 발전한 덕분이었다. 그러니까 H_2, O_2, CO_2 등의 분자는 아무도 알아주지 않은 채 수십억 년 동안 고독하게 특정한 결합을 이루고 우주 공간을 떠돌아다니다가 약 46억 년 전 태양계의 일원이 되고, 지구의 역사에서 주역을 맡게 된 것이다.

수소, 탄소, 산소에 골고루 적용되는 결합 방식을 논하기 위해서는 19세기 말부터 20세기 초반 사이에 밝혀진 원자의 내부 구조, 즉 양성자, 중성자, 전자에 대해 좀 더 이해할 필요가 있다. 이들 중에서 제일 먼저 발견된 것은 ××전자 등의 이름으로 주식시장에도 이름을 올리게 된 친숙한 입자, 전자다. '-1'의 전하를 가진 전자는 1897년 영국의 조셉 톰슨Joseph Thomson이 발견했다. 톰슨은 이 공로로 1906년 노벨물리학상을 수상했다. 그 후 톰슨의 제자 어니스트 러더퍼드Ernest Rutherford가 1911년 양전하를 가진 원자핵atomic nucleus을 발견하고, 이어서 1919년 '+1'의 전하를 가진 양성자를 발견했다. 러더퍼드는 하나의 원소가 방사선을 내면서 다른 원소로 바뀔 수 있다는 사실을 발견해서 이미 1908년 노벨화학상을 수상한 바 있었다. 한편 전기적으로 중성인 중성자는 1932년, 러더퍼드의 제자인 제임스 채드윅James Chadwick이 발견했다. 채드윅 역시 이 공로로 1935년 노벨물리학상을 수상했다. 케임브리지대학 캐번디시연구소에서 3대에 걸쳐 이루어진 이 위

대한 발견들 덕분에 원자는 양성자와 중성자로 이루어진 원자핵이 중심에 있고, 가벼운 전자가 그 주위를 돌고 있는 구조임이 밝혀졌다.

어떤 원소의 원자핵에 들어 있는 양성자 수를 원자 번호atomic number라고 한다. 현대 주기율표에는 원소들이 원자 번호 순서로 배열되어 있다. 수소는 1번, 탄소는 6번, 산소는 8번 원소다. 수소는 '+1'의 전하를 가진 양성자 하나로 충분하지만 2번인 헬륨부터는 중성자가 필요하다. 양성자가 2개만 되어도 같은 전하를 띤 양전하 사이의 반발이 커져서 중성인 중개자의 역할이 필요하기 때문이다.

전기적으로 중성인 원자에는 양성자 수와 같은 수의 전자가 핵에서 멀리 떨어진 공간에 퍼져 있다. 또한 전자는 양성자, 중성자에 비해 매우 가볍다. 질량이 비슷한 양성자, 중성자에 비해 전자는 1/1840 정도의 질량을 갖는다. 한편, 전자의 전하는 '-1'로, '+1'의 전하를 갖는 양성자와 비교했을 때 전하의 절댓값은 같고 부호는 반대다. 양성자와 전자의 전하 및 질량 차이는 138억 년 전 빅뱅의 순간에 결정된 미스터리에 속한다.

원자의 가장 바깥쪽에 위치할 뿐만 아니라 질량이 매우 가벼운 전자는 원자의 집행부서라고 할 수 있다. 예컨대 반도체의 기능을 나타내거나 화학 반응을 주도하는데, 연소할 때 열을 발생시키는 과정에도 전자가 관여한다. 또한 원자들이 결합해서 분자를 만드는 방식에도 직결되어 있다.

일단 수소의 결합에 관해 알아보자. 수소라는 말을 들으면 물리학자는 수소 원자(H)를 떠올리지만 화학자는 수소 분자(H_2)를 떠올린다. 왜냐하면 우리 주위의 환경에서 볼 수 있는 수소의 안정적인 상태는 수소 원자가 아니라 분자이기 때문이다. 우리 주변에서 종종 볼 수 있는 수소전기차나 수소 충전소에 'H_2'라고 크게 표시되어 있는 것은 이런 이유에서다. 여기서 말하는 '안정성'이란 간단히 말하면 하나의 상태에서 다른 상태로 변화할 때, 외부에서 에너지가 들어오는가 아니면 나가는가 하는 문제를 말한다. 에너지는 물질의 상태를 나타내는 양 중 하나다. 2개의 수소 원자가 따로 있는 상태가 서로 결합해서 수소 분자 상태를 이루었을 때보다 에너지가 크다. 그런데 자연의 변화는 언제나 에너지가 낮은, 즉 안정된 상태로 가려는 방향으로 이루어진다. 이때 에너지는 보존되어야 하므로 두 상태의 에너지 차이만큼을 내보내고 안정된 분자 상태가 된다.

또 다른 예로 양성자와 전자가 1개씩 있다고 하자. 그런데 '+1'의 전하를 가진 양성자와 '−1'의 전하를 가진 전자 사이에는 전기적으로 끄는 힘이 작용하고, 이 힘의 크기는 둘 사이 거리의 제곱에 반비례한다. 즉, 거리가 멀어지면 힘이 약해지고 거리가 가까워지면 힘이 강해진다. 멀리 있던 전자가 양성자로부터 원자 크기 정도 거리에 접근하면 둘은 결합해서 안정된 상태가 된다.

전기력에 의해 결합된 상태는 양성자와 전자가 각각 독립적으로 존재하는 상태보다 에너지가 적은 상태이기 때문이다.

양성자와 전자가 결합한 형태가 수소 원자다. 이때 에너지는 열이나 광양자 형태로 내놓는다. 반대로 수소 원자의 양성자로부터 전자를 무한대 거리까지 떼어놓으려면 수소 원자를 만들 때 방출된 에너지와 같은 양의 에너지가 필요하다. 이 값을 '수소의 이온화 에너지ionization energy'라고 한다. 수소의 이온화 에너지는 13.6 전자볼트electron volt, eV, 또는 1몰* 당 1,312킬로줄kJ/mol** 로 측정된다. 우리가 흔히 가정이나 사무실에서 사용하는 건전지의 전압

- 문자 그대로 '한 무더기'라는 뜻을 갖는 '몰(mole)'은 눈에 보이지 않는 원자의 세계에서 눈에 보이거나 저울로 무게를 잴 수 있는 양으로 변환할 때 사용되는 말이다. 이때 1몰에 들어 있는 입자의 수를 '아보가드로수(Avogadro's number, N_A)'라고 한다. 아보가드로수는 어느 입자에나 적용되는 일정한 수로, 1몰의 양성자·전자·원자·분자 등 다양한 입자를 말할 수 있다. 아보가드로수는 '$N_A = 6.02 \times 10^{23}$' 정도로 엄청나게 큰 수인데, 1몰의 물, 즉 한 모금에 해당하는 18그램의 물에는 우주 전체의 별 수보다 많은 물 분자(H_2O)가 들어 있다.
  아보가드로(Amedeo Avogadro, 1776~1856)는 1800년대 초 분자 개념을 만들어낸 이탈리아의 화학자다. 다만 아보가드로수가 상당한 정확도를 가지고 측정된 것은 분자 개념이 등장하고 나서 약 100년 후의 일이다. 1909년, 프랑스의 장 페랭(Jean Baptiste Perrin, 1870~1942)은 아보가드로수를 측정하는 데 성공했고, 이 업적으로 1926년 노벨물리학상을 수상했다.
- 1줄(joule, J)은 대략 심장이 한 번 뛰는데 필요한 에너지다. 사람의 맥박은 보통 1초에 한 번 뛰는데, 1초에 1줄을 심장 박동에 소모하는 셈이다. 이렇게 따져보면, 한 시간에 3,600줄, 그러니까 3.6킬로줄이 사용되고 하루 동안에는 3.6킬로줄에 24를 곱한 값인 약 100킬로줄을 심장 박동에 소모하는 것이다. 한편 에너지의 단위로 칼로리(calorie, cal)도 사용된다. 1칼로리는 4.18줄에 해당하고, 1킬로칼로리는 4.18킬로줄에 해당한다. 성인 남성은 하루에 대략 2,500킬로칼로리, 그러니까 약 1만 킬로줄을 사용하는데 그중에서 생명 유지에 필요한 가장 기본적인 심장 박동에는 1%가 소모되는 셈이다.

이 1.5볼트인 것을 생각하면, 수소 원자의 전자는 이의 9배가 넘는, 상당히 강한 전기력으로 핵에 붙잡혀 있는 셈이다.

그렇다면 2개의 수소 원자는 어떻게 안정적인 수소 분자를 만드는 것일까? 전기적으로 끌리는 양성자와 전자가 만나 중성인 수소 원자가 되는 경우에 비해 수소 원자 둘이 결합해서 분자가 되는 경우는 뭐가 좀 다를 것 같다. 수소 원자는 이미 전기적으로 중성이기 때문이다. 수소 분자가 최초로 탄생한 빅뱅우주의 상황을 다시 들여다보자.

138억 년 전에 우주가 태어나고 10^{-15}초가 지나면 양성자와 중성자가 우주 구성 물질의 요소로 등장하기 시작한다. 양성자와 중성자는 쿼크라는 입자로 만들어져 있는데, 지금까지 알려진 바로 쿼크는 더 이상 내부 구조를 논할 수 없는 1세대 입자다. 전자도 쿼크와 마찬가지로 1세대 입자다. 양성자와 중성자는 2세대 입자고, 중수소, 헬륨 원자핵 등은 빅뱅우주에서 만들어진 3세대 입자다. 우주가 팽창함에 따라 온도가 떨어지면서 전자가 운동에너지를 잃고 양성자에 끌려서 안정적인 수소 원자를 만든 것은 우주의 나이가 38만 년 정도일 때, 그리고 우주의 온도가 대략 3,000K 정도가 됐을 때라고 앞에서 살펴보았다. 드디어 수소 원자가 우주 무대에 등장한 것이다. 그다음이 기대된다.

수소 원자에서 중심의 양성자와 바깥쪽의 전자 중 어느 쪽이 유동적일까? 아무래도 무거운 양성자보다는 가벼운 전자가 유동적일 것이다. A와 B라는 2개의 수소 원자가 우주 공간에서 돌아다니다가 가까이 접근했다고 가정해보자. 그러면 수소 A의 양성자가 수소 B의 전자를 끌어당기고, 수소 B의 양성자는 수소 A의 전자를 끌어당겨서 전체적으로 아래 그림처럼 2개의 양성자 사이에 2개의 전자가 위치하는 상황이 만들어진다. 이때 화학에서는 2개의 전자를 1개의 전자쌍으로 이해하고, 이 전자쌍은 양쪽 원자핵에 공유됐다고 말한다. 공유된 전자쌍은 양쪽의 양성자를 적당한 거리까지 끌어당겨서 전체 시스템을 안정화시키면서 수소 분자를 만들어낸다. 이런 결합을 '공유결합covalent bond'이라고 한다. 이러한 공유의 원리는 수십억 년 동안 우주 공간에 있는 모든 분자들에 적용되어 왔고, 후일 지구상에서 생명이 태어날 때도 똑같이 적용된 우주적 원리다. 이어서 살펴볼 산소 분자(O_2), 물 분자(H_2O), 이산화탄소 분자(CO_2) 모두 공유결합으로 결합한 분자다.

우주 공간은 넓고 원자는 매우 작기 때문에 대다수의 원자들은 냉혹한 우주에서 한 번도 공유결합을 이뤄보지 못하고 공간을 배

수소 분자의 공유결합

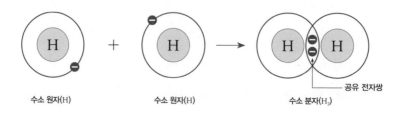

수소 원자(H)   수소 원자(H)   수소 분자(H_2)   공유 전자쌍

회한다. 그러나 수소 및 산소 분자, 그리고 물이나 이산화탄소 등에서 전자의 공유는 어렵게 만난 원자들 사이의 결합을 가능하게 한다. 그리고 후일 지구상에서 DNA, 단백질 등 훨씬 복잡한 화합물을 만들어서 생명을 만들어갈 가능성을 꿈꾸게 한다. 그래서 공유는 즐겁다.

수소, 산소, 이산화탄소의 발견

～～～～～

수소, 산소, 이산화탄소 등에 관한 과학, 그러니까 근대 화학은 산업혁명과 같은 시기에 시작됐다고 볼 수 있는데, 이 세 물질이 모두 기체인 점에 주목할 필요가 있다. 우리 주위의 액체나 고체는 대부분 혼합물로 존재하기 때문에 그 정체를 알기 어렵다. 그런데 액체나 고체로부터, 또는 액체와 고체를 섞을 때 발생하는 기체는 순수한 물질인 경우가 많아서 분리 기술이 발전하기 전에도 비교적 쉽게 성질을 조사할 수 있었다. 특히 기체의 경우에는 온도와 압력이 동일할 때 같은 부피에는 같은 수의 분자가 들어 있다는 소위 아보가드로 원리Avogadro's law가 적용되기 때문에 두 가지 순수한 기체의 밀도를 측정하면 그 밀도의 비율로 두 가지 기체를 구성하는 기체 분자 각각의 질량비, 즉 분자량의 비를 알 수 있다는 큰 장점이 있다. 이런 이유로 기체 연구는 18세기 후반에서 19세기 중반에 걸쳐 근대 화학의 기초를 놓는 데 큰 역할을 했다.

18세기 후반 기체를 연구하던 과학자 중에 스코틀랜드의 조지프 블랙Joseph Black, 영국의 헨리 캐번디시Henry Cavendish와 조지프 프리스틀리Joseph Priestley가 있다. 중요한 순서대로 말하자면 캐번디시는 가장 가벼운 원조 원소인 수소를, 프리스틀리는 자연에서 일어나는 가장 중요한 반응인 산화 반응을 주도하는 원소인 산소를, 블랙은 현재 지구 온난화 논쟁의 중심에 있는 화합물인 이산화탄소를 발견했다.

사실 캐번디시 이전에도 수소를 발생시킨 과학자가 몇몇 있었다. 그중 한 사람이 아일랜드의 로버트 보일Robert Boyle이다. 뉴턴과 동시대 인물인 보일은 캐번디시보다 100년 앞서 일정한 온도에서 기체의 부피와 압력은 반비례 관계라는 보일의 법칙Boyle's law을 발견한 것으로 유명하다. 캐번디시는 보일이 철에 어떤 산을 부었더니 가벼운 기체가 발생했고, 그 기체에 불을 붙였더니 "펑" 하는 소리와 함께 폭발적으로 연소했다는 이야기를 읽었다. 이에 착안해 캐번디시는 1766년 여러 금속에 다양한 산을 가했을 때 공통적으로 같은 기체가 발생한다는 것을 알아냈고, 이 기체에서 습기를 제거한 후 밀도를 측정해서 같은 값인 것을 확인했다. 나중에 프랑스의 앙투안 라부아지에Antoine Lavoisier는 이 기체가 산소와 결합해서 물을 만든다는 사실을 밝히고, 이 기체의 이름을 수소(hydrogen, 'hydro-(물)'과 '-gen(생성)'의 합성어. 즉, 물을 만드는 원소)라고 명명했다. 그리고 200년 정도 후, 수소가 138억 년 전 빅뱅의 순간에 만들어진, 모든 원소의 원조인 것이 밝혀졌다.

한편 캐번디시는 공기 중 미량 성분에 대해서도 조사했다. 공기의 78%는 질소, 21%는 산소, 0.9%는 아르곤이다. 이 중 아르곤은 헬륨, 네온 등과 같은 비활성 기체의 하나로 다른 원소들과 거의 반응하지 않기 때문에 19세기 말 존 레일리John Rayleigh와 윌리엄 램지William Ramsay가 발견하기 전까지는 존재 자체가 전혀 알려지지 않았다. 캐번디시는 공기에서 질소와 산소를 제거했더니 0.8%에 해당하는 어떤 기체가 남아 있는 것을 관찰했다. 당시의 실험 기술을 생각하면 현재 규명된 값인 0.9%에 놀랄 만큼 접근한 셈이다. 하지만 아쉽게도, 분광학적 방법을 사용해서 새로운 기체 원소라는 것을 증명할 수 없었던 캐번디시에게 아르곤은 미지의 기체로 남을 수밖에 없었다.

캐번디시가 수소를 발견할 수 있었던 아연(Zn)과 염산(HCl)의 화학 반응에 대해 자세히 알아보자. 고체 아연에 액체 염산을 가하면 아연 이온과 염소(Cl) 이온의 혼합 액체와 수소가 발생한다. 이 반응을 화학식으로 표현하면 다음과 같다. 화학에서 사용하는 반응식에서 왼쪽은 반응물, 오른쪽은 생성물을 나타낸다.

$$Zn(s) + 2HCl(aq) \rightarrow Zn^{2+}(aq) + 2Cl^{-}(aq) + H_2\uparrow$$

위의 반응식에서 괄호 안에 표기된 's'는 '솔리드solid', 즉 고체를 의미한다. 'aq'는 '아쿠어스aqueous'의 약자로, 물에 녹아 있다는 뜻이다. Zn^{2+}, Cl^-의 위첨자는 이온의 전하를 나타낸다. 위의 반응에서는 약간의 열이 발생하기 때문에 발열 반응이라고 한다. 열은 에너지의 한 종류로, 반응 결과 열이 나온다는 것은 반응물보다 생성물이 에너지가 낮고 안정적인 상태라는 뜻이다. 자연은 에너지가 낮은 안정적인 상태를 선호한다. 즉, 에너지 측면에서 볼 때 이 반응은 자발적이다. 다시 말해, 반응 물질을 섞어주기만 하면 추가적으로 다른 일을 하지 않아도, 특히 열을 가하지 않아도 자발적으로 일어나리라 예상할 수 있다.

한편 이 반응에서 나오는 열은 단순한 분자 반응에서의 에너지 차이로 인한 것이 아니다. 화학 반응이 복잡한 것은 고립된 상태에서 일어나는 분자 사이의 반응뿐만 아니라 온도와 압력이 주어진 환경과 역학적 혹은 열적 상호작용을 고려해야 하기 때문이다. 예를 들어, 기체의 경우에는 분자 사이의 에너지 변화뿐 아니라 기체의 부피가 변하면서 외부 환경에 일을 해주거나 받는 것을 고려해야 한다. 그리고 이때 열의 출입으로 측정되는 에너지를 '엔탈피enthalpy, H'라고 한다. 물은 높은 곳에서 낮은 곳으로 흐른다. 이는 자발적인 움직임이다. 이와 비슷하게, 반응물보다 생성물의 에너지가 낮아져서 열이 발생하는 반응은 자발적이다. 이것을 엔탈피로 표현하면, 엔탈피가 낮아지는, 즉 열이 발생해서 전체적으로 엔탈피 변화가 음($\triangle H \langle 0$)인 방향이 자발적 방향이다.

그런데 에너지가 낮아서 안정적인 상태 말고도 자연이 선호하는 또 다른 상태는 무질서도가 높은, 확률적으로 가능성이 높은 상태다. 무질서도는 에너지와 독립적인 개념으로, 정량적으로는 '엔트로피entropy, S'로 표현되는 양이다. 인간이 한편으로는 안정을 추구하지만 다른 한편으로는 자유를 추구하는 것과 일맥상통한다. 다시 위의 반응을 살펴보자. 엔트로피 면에서 볼 때 반응물과 생성물에 큰 차이가 나는 것은 금속 아연과 기체 수소다. 금속에서 원자들은 일정한 규칙에 따라 격자 내에 질서 있게 배열되어 있지만, 기체에서는 분자들이 넓은 공간을 차지하고 자유롭게, 즉 무질서하게 돌아다닌

어떤 과정의 자발성 물이 높은 곳에서 낮은 곳으로 흐르듯, 높은 에너지의 반응물이 낮은 에너지의 생성물로 변화하는 것은 자발적이다.

다. 그래서 기체가 발생하는 모든 반응에서 무질서도, 즉 엔트로피는 크게 증가한다($\triangle S > 0$). 열역학 제1법칙이 에너지 보존에 관한 것이라면, 열역학 제2법칙은 엔트로피 증가에 관한 법칙이라고 할 수 있다.

자연에서 일어나는 모든 자발적 반응은 엔탈피 감소(발열 반응)와 엔트로피 증가(무질서한 방향)에 의해 촉진된다. 좀 더 정확하게는 두 요인이 어떻게 조합되는지가 반응의 진행 방향을 결정한다. 19세기 후반, 예일대학의 조사이어 윌러드 깁스Josiah Willard Gibbs는 엔탈피와 엔트로피를 조합해서 반응 전체의 자발성을 나타내는 '깁스 자유에너지Gibbs free energy, G'라는 개념을 만들었다.

$$\triangle G = \triangle H - T\triangle S$$

여기서 '$\triangle$'는 반응물과 생성물 사이의 차이를, 'T'는 절대온도를 뜻한다. '$T\triangle S$'는 반응-생성 과정에서 엔트로피 변화에 따라 환경으로부터 주고받는 열량을 나타낸다. 따라서 깁스 자유에너지 $\triangle G$는 반응물과 환경 이외의 외부에서 주어야 할 에너지 혹은 열량을 의미한다. $\triangle G$가 0보다 작은 반응은 외부 에너지가 들어올 필요가 없으므로 자발적이다. $\triangle G$가 0보다 작아지는 경우는 세 가지가 있다.

$\triangle H$가 음수이고(발열 반응) $T\triangle S$가 양수인 경우(기체가 발생하는 등

무질서해짐), $\triangle H$가 음수이고 $T\triangle S$도 음수이지만(액체가 응고하는 등) 충분히 작아 전체적으로는 음수가 되는 경우, 마지막으로 $\triangle H$가 양수이지만(흡열 반응) $T\triangle S$가 충분히 큰 양수여서 전체적으로는 음수가 되는 경우다.

이제 이 기준을 캐번디시의 수소 발견 실험에 적용해보자. 위에서 고려한 대로 이 반응은 발열 반응이므로 $\triangle H$는 음수다. 그리고 이 반응에서 기체가 발생하므로 $\triangle S$는 양수인데 T는 양의 값을 가지므로 $T\triangle S$는 양수다. 따라서 이 반응에서 깁스 자유에너지 $\triangle G$는 항상 음의 값을 갖는다. 깁스 자유에너지가 항상 음의 값을 가지는 캐번디시의 실험은 언제 어디서 누가 해도 반드시 자발적으로 수소가 발생한다.

1774년 프리스틀리는 산화수은(HgO)을 가열하면 산소가 발생한다는 사실을 발견했다. 어떤 부유한 귀족에게 지름이 30센티미터나 되는 거대한 볼록렌즈를 선물 받은 프리스틀리는 요즘은 인주로 알려진 붉은 물질을 이 볼록렌즈로 햇빛을 모아 가열해봤다. 그러자 액체인 금속 수은과 함께 어떤 기체가 발생했는데, 프리스틀리는 이 기체가 연소를 돕는다는 사실을 알아냈다. 뿐만 아니라 식물의 광합성 과정에서 같은 기체가 배출된다는 것도 밝혀냈다. 이 기체는 다름 아닌 산소다. 이 기체의 이름을 산소라고 명명한 사람은 수소라는 이름을 붙여준 라부아지에다. 산소는 산을 만든다는 뜻이다(oxygen, 'oxy-(산)'과 '-gen(생성)'의 합성어. 즉 산을 만드는 원소).

이번엔 프리스틀리가 산소를 발견했던 화학 반응을 살펴보자.

$$2HgO(s) \longrightarrow 2Hg(l) + O_2 \uparrow$$

괄호 안의 'l'은 액체liquid를 의미한다. 이 반응은 캐번디시의 수소 발생 실험과 달리 자발적으로 일어나는 반응이 아니다. 이 반응은 열을 가해줘야 일어나는 흡열 반응으로, 안정된 상태의 산화수은이 수은과 산소로 바뀌는 반응이다. 이 반응이 흡열 반응인 것은 역반응인 수은과 산소가 결합하는 반응이 열을 내는 발열 반응이라는 것을 생각해보면 쉽게 알 수 있다. 따라서 이 반응에서 엔탈피 변화는 양의 값을 갖는다($\triangle H > 0$). 즉 엔탈피만 고려하면 폭포에서 물이 자발적으로 위쪽으로 올라갈 수 없듯이, 이 반응은 일어날 수 없는 것이다. 그런데 이 반응에서는 엔트로피의 변화도 양의 값을 갖는다($\triangle S > 0$). 엔트로피가 낮은 고체가 엔트로피가 높은 액체와 기체로 바뀌기 때문이다. 양의 값을 갖는 엔트로피 변화는 전체 반응이 자발적으로 일어날 수 있게 하는 요소로 작용한다. 이런 상반된 요인이 합해져서 $\triangle G$가 음의 값이 되기 위해서는 온도 T 값이 충분히 커서 $-T\triangle S$ 값이 $\triangle H$ 값을 압도해야 한다. 그래야 반응이 자발적으로 일어난다.

캐번디시가 수소를 발견한 것과 비슷한 시기에 블랙은 석회석, 즉 탄산칼슘($CaCO_3$)을 가열하면 공기보다 무거운 기체가 발생하는 것을 관찰했는데(①), 탄산칼슘에 산을 가해도 같은 기체가 발생했다(②). 그리고 이 기체를 수산화칼슘 수용액에 통과시키면 탄산칼슘이 침전했다(③). 탄소 원자 1개와 산소 원자 2개가 공유결합으로 결합한 이 분자를 원자의 개수 비에 따라 이산화탄소라고 부른다.

$$① \ CaCO_3(s) + heat \ \rightarrow \ CaO(s) + CO_2{\uparrow}$$
$$② \ CaCO_3(s) + 2H^+(aq) \ \rightarrow \ Ca^{2+}(aq) + H_2O + CO_2{\uparrow}$$
$$③ \ Ca(OH)_2 + CO_2 \ \rightarrow \ CaCO_3(s) + H_2O$$

블랙은 수산화칼슘 용액에 날숨을 통과시켜도 같은 일이 일어나는 것에서 호흡 작용에 의해 이산화탄소가 만들어지는 것을 알아냈다. 후일 프리스틀리가 광합성에 의해 산소가 만들어지는 것을 발견한 것과 대비된다. 블랙은 마그네슘도 발견하고, '잠열latent heat'이라는 열역학의 기본 개념을 고안했으며, 와트가 증기기관을 발명할 때도 지원했다. 블랙은 스코틀랜드의 두 유명 대학인 글래스고대학과 에든버러대학에서 가르쳤는데, 계몽주의 철학자인 데이비드 흄David Hume, 경제학자인 애덤 스미스Adam Smith 등과도 교류했다고 한다.

수소와 탄소의 반응열 비교

지금까지 수소와 탄소의 경제성을 비교하기 위해 분자의 결합 구조와 반응의 자발성 등에 대해 자세히 알아보았다. 이제부터는 수소와 탄소의 경제성에 대해 본격적으로 이야기해보자. 같은 무게의 수소와 탄소가 주어졌을 때, 이들이 연소하면서 발생하는 에너지, 즉 반응열로 두 에너지의 경제성을 비교해보자. 각각 석탄과 수소를 연료로 사용하는 화력발전소를 생각하면 된다. 어차피 물을 끓이고 터빈을 돌려서 전기를 생산하는 것은 마찬가지이기 때문에, 같은 무게에서 얼마만큼의 열이 발생하는가를 비교하면 효율을 비교할 수 있을 것이다.

같은 무게의 수소와 탄소를 태웠을 때 발생하는 열을 비교하기 위해 알려진 두 반응의 반응열을 조사해보면 다음과 같이 정리할 수 있다.

$$H_2 + \tfrac{1}{2}O_2 \rightarrow H_2O \qquad 286kJ/mol$$
$$C + O_2 \rightarrow CO_2 \qquad 394kJ/mol$$

위 반응에서 286kJ/mol과 394kJ/mol의 반응열은 각각 액체 상태의 물 1몰과 기체 상태의 이산화탄소 1몰이 기체 상태의 수소 분자와 고체 상태의 탄소로부터 만들어질 때 발생하는 열로

'표준생성열standard heat of formation'이라고도 한다. 위 식을 보면, 1몰, 즉 2그램의 수소가 1/2몰의 산소(16그램)와 반응해 1몰의 물 (18그램)을 만들면서 286kJ/mol의 에너지가 발생한다. 한편 1몰의 수소 분자보다 6배 무거운 12그램의 탄소 1몰은 1몰의 산소 (32그램)와 반응해 1몰의 이산화탄소(44그램)를 만들면서 394kJ/mol의 에너지를 발생시킨다.

2그램의 수소에서 286kJ/mol의 에너지가 나오고 12그램의 탄소에서 394kJ/mol의 에너지가 나온다는 것에서, 탄소도 수소 1몰의 무게와 같은 2그램만 반응시키면 394kJ/mol을 6으로 나눈 값인 65.7kJ의 반응열이 나온다는 계산이 가능하다. 동일한 무게의 수소와 탄소에서 나오는 에너지를 비교하면 수소는 탄소에 비해 4.4배의 열이 나오는 셈이다(286/65.7=4.4). 단위 무게당 수소가 탄소보다 4.4배 더 많은 반응열, 즉 에너지가 나오니 상당한 차이가 아닐 수 없다.

수소가 탄소보다 단위 무게당 4.4배나 많은 에너지를 내놓는 이유는 무엇일까? 우선 이런 차이는 탄소의 원자핵에서 절반가량의 질량을 차지하는 6개의 중성자에서 비롯된다. 화학 반응은 기본적으로 전자기 상호작용이어서 일차적으로 전하가 있는 전자와 양성자만 반응에 관여한다. 같은 무게의 수소와 탄소의 반응열을 비교하면 화학 반응과 무관한 중성자가 원자 질량의 절반을 차지하는 탄소에 2배나 불리함을 알 수 있다. 중성자가 없는 수소는 같은 무게의 탄소에 비해 일단 2배 정도 경제적이다. 그렇다면 나머지 2.2배(4.4/2)의 차이는 어떻게 설명할 수 있을까?

원자의 핵과 강한 전기력으로 결합되어 있는 전자의 에너지 상태를 자세히 볼 필요가 있다. 19세기 초반에 원자설을 제안해서 근대 화학의 기초를 제공한 영국의 돌턴은 원자에 집착한 나머지 분자를 받아들이지 않았다. 그래서 돌턴은 물을 HO라고 생각했다. 이후 아보가드로의 분자설이 받아들여지고, 물은 수소 원자 2개와 산소 원자 1개가 결합한 분자로 존재한다는 것이 알려졌다. 그렇지만 당시에는 물이 왜 수소와 산소가 2:1 비율로 결합되어 형성되는 것인지 진지하게 질문조차 하지 못했다. 그러다가 주기율, 전자, 원자 번호 등이 발견되고 특히 원자 내에서 전자의 에너지가 양자화되어 있다는 사실이 알려지면서 모든 비밀이 밝혀졌다. 이 과정에서 우리가 관심을 갖는 문제, 즉 수소가 탄소에 비해 경제적인 두 번째 이유를 찾을 수 있다.

전자의 에너지가 양자화됐다는 말을 좀 친숙하게 바꾸면, 원자 내 전자의 에너지가 계층 구조를 갖는다고 말할 수 있다. 아파트 층수에 비유하면, 수소와 탄소, 산소는 1층 또는 2층에만 주민이, 즉 전자가 입주해 있다. 흔히 아파트의 1층, 즉 전자의 에너지가 가장 낮은 바닥 상태ground state를 'n=1', 첫 번째 들뜬 상태인 2층을 'n=2'라고 표현한다.

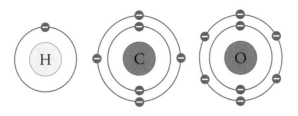

수소, 탄소, 산소의 전자 계층 구조 가장 안쪽 원은 바닥 상태인 'n=1'(1층), 그리고 바깥쪽 원은 첫 번째 들뜬 상태인 'n=2'(2층)를 나타낸다.

위 그림은 수소, 탄소, 산소의 전자 구조를 나타낸다. 여기서 H, C, O로 나타낸 중심 핵은 독자의 이해를 위해 실제보다 상당히 크게 그린 것일 뿐이다. 실제 원자의 크기와 원자핵의 크기 비율은 10만:1 정도다. 원자를 야구장에서 타석과 홈런 펜스까지 거리인 100미터 정도로 확대하면 원자핵은 100미터를 10만으로 나눈 값인 1밀리미터 정도 되는 모래알처럼 보일 것이다.

그런데 20세기 초반에 밝혀진 바에 의하면 n=1 상태에는 전자가 2개, n=2 상태에는 전자가 8개까지 들어갈 수 있고, 각 층에 전자가 최대한 들어가면 매우 안정적인 상태가 된다. 아래 그림에서처럼 공유결합으로 안정된 수소 분자에서 각각의 수소 원자는

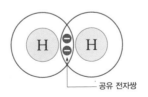

공유 전자쌍

수소 분자

n=1인 바닥 상태에 2개의 전자가 들어 있는 셈이다.

탄소나 산소는 먼저 바닥 상태에 2개의 전자를 채워 넣고, 두 번째 층은 탄소의 경우에는 4개, 산소의 경우에는 6개의 전자를 받아들인다. 그러면 탄소와 산소는 각각 4개와 2개의 공유결합을 만들 여지를 갖게 된다. 탄소가 수소와 결합하면 천연가스로 알려진 메테인(CH_4)이 되고, 산소가 수소와 결합하면 물(H_2O)이 된다. 메테인은 탄소가 남겨둔 공유결합의 여지 4개를 네 수소의 전자 4개가 채운 것이며, 물은 산소가 남겨둔 공유결합 여지 2개를 두 수소의 전자 2개가 채운 것이다. 전자의 계층 구조가 물을 구성하는 수소와 산소의 비율이 왜 2:1인지 그 비밀을 푸는 열쇠인 것이다. 한편 탄소와 산소가 반응하면 1:2로 결합해서 이산화탄소가 되는데, 이때는 중심의 탄소와 양쪽의 산소 사이에 이중결합이 만들어지면서 탄소와 산소 모두 두 번째 층이 아래 그림처럼 8개의 전자로 채워진 안정적인 구조를 갖게 된다.

물과 이산화탄소의 공유결합

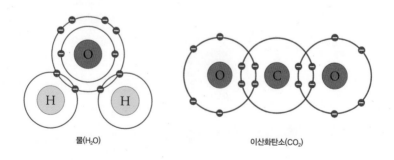

물(H_2O)   이산화탄소(CO_2)

이런 비밀들이 점차 밝혀지던 1916년, 버클리 소재 캘리포니아 대학 화학과의 길버트 뉴턴 루이스Gilbert Newton Lewis는 8 전자 규칙, 다른 말로 옥텟 규칙octet rule을 제안했다. 러더퍼드가 원자핵을 발견한 것이 1911년, 덴마크의 닐스 보어Niels Bohr가 전자의 계층 구조를 발견한 것이 1913년, 그리고 다시 러더퍼드가 양성자를 발견한 것이 1919년인 것을 생각하면 1910년대는 원자물리학의 태동기라 할 수 있는데, 같은 시기 루이스는 후일 옥텟 규칙이라고 불리는 화학 결합의 보편적 규칙을 발견한 것이다.

여기서 짧은 시를 통해 옥텟 규칙의 의의를 확인해보자.

To make water in the rain

And starch in the grain

The number of electrons the atoms compare

Then the electrons gladly they share

Until they meet the octet rule

That all students learn at school•

빗물을 만드는 데나

곡식의 녹말을 만드는 데나

• 　김희준, 「Octet rule」

원자들은 전자의 숫자를 비교하고
즐겁게 전자를 공유해서
온 세상의 학생들이 학교에서 배우는
옥텟 규칙을 만족시킨다네

물론 1번 원소인 수소와 2번 원소인 헬륨의 경우에는 8 대신 2가 중요한 숫자다. 그러나 그다음부터는 8이 중요한 숫자가 된다. 전자의 계층 구조가 알려지기 전인 19세기에는 수소의 1, 탄소의 4, 산소의 2 등 이런 신비스러운 숫자를 '원자가valence'라고 이름 붙였다. 아무튼 수소가 전자의 공유를 통해 도달하고자 하는 이상향이 원자 번호 2인 헬륨이라고 한다면, 탄소나 산소의 이상향은 원자 번호 $10(2[n=1] + 8[n=2])$인 네온이라 할 수 있을 것이다.

수소가 탄소에 비해 경제적인 두 번째 이유는 바로 이 전자의 계층 구조에 있다. 수소가 연소해서 물이 될 경우, 수소가 갖고 있는 바닥 상태 $n=1$의 전자 1개가 산소가 갖고 있는 $n=2$ 상태의 전자와 공유결합을 이루기 때문에 수소의 전자가 100% 사용되는 셈이다. 반면 탄소가 이산화탄소가 될 경우, 탄소의 전자 2개는 바닥 상태 $n=1$를 채우고, $n=2$ 상태에 있는 나머지 4개의 전자만 결합에 사용된다. 그러니까 탄소의 전자는 6개 중 4개, 즉 67%만 결합에 참여해 열을 내는 셈이다. 거꾸로 수소 입장에서는 탄소에 비해 6/4, 즉 150%의 열이 발생하는 것이다. 앞에서 논의한 중성자의 효과와 합치면 탄소에 비해 수소의 경제성은 2배에 1.5배를 곱한 3배가 된다. 같은 무게의 수소가 탄소에 비해 4.4배의 열을 발생시킨다고 할 때, 그중 3배에 해당하는 부분이 설명된 것이다. 이제 나머지를 설명할 차례다.

나머지 효과는 수소와 탄소의 전기 음성도electronegativity 차이에서 비롯된다. 어떤 원소가 산소와 결합해서 새로운 화합물을 만드는 반응을 '산화 반응oxidation reaction'이라 하고, 거꾸로 산화물에서 산소가 떨어져 나가는 반응을 원상태로 돌려놓는다는 뜻에서 '환원 반응reduction reaction'이라고 한다. 그러니까 수소가 물이 되는 경우나 탄소가 이산화탄소가 되는 경우는 모두 산소와 결합하는 산화 반응이다. 그런데 원자가나 공유결합의 관점에서 보면 수소는 다른 수소와 결합해 수소 분자를 만들 때나 산소와 결합해 물을 만들 때 모두 자기가 가진 하나의 전자를 다른 원자와 공유하므로 공유된 전자는 양쪽에 똑같이 속하는 것으로 간주된다. 그러나 산화의 관점에서 보면 물이나 이산화탄소를 만들 때 공유된 전자는 두 원자 사이 가운데 있지 않고, 산소 쪽으로 더 많이 끌려간다. 원자핵의 양전하가 수소는 1, 탄소는 6, 산소는 8로, 산소의 양전하가 세 원소 중에서 가장 커서 공유한 전자에 가장 큰 인력을 미치기 때문이다. 그런 의미에서 산화 반응에서 반응을 주도하는 쪽은 산소다.

산화-환원 반응을 설명할 때 흔히 '산화수oxidation number'라는 용어가 사용된다. 수소가 산소에 의해 산화될 때 수소의 전자는 완전히 산소에 넘어간다고 하는 극단적 관점이다. 그러면 물에서 전자를 뺏긴 두 수소의 전하는 각각 '+1'이 되고, 두 전자를 빼앗아 온 산소의 전하는 '-2'가 된다. 이산화탄소에서 양쪽 2개의 산소 전하는 각각 '-2'가 되고, 전자를 빼앗긴 중심 탄소의 전하는 '+4'가 된다. 그러나 실제로는 전자를 똑같이 공유한다는 한 극단과 전자가 한쪽으로 완전히 이동한다는 다른 극단의 중간 어디엔가, 즉 전자를 완전히 공유하지도 않고 완전히 빼앗기지도 않은 상태로 존재한다.

두 가지 다른 원소가 만났을 때 어느 방향으로 전자가 이동할지, 즉 누가 양전하를 가지고 누가 음전하를 가지게 될지는 상대적이다. 수소, 탄소, 산소 사이에서는 수소도 탄소도 모두 산소에 전자를 내준다. 그러나 수소와 탄소가 만나서 메테인을 만드는 경우에 수소는 탄소에 전자를 내줘 '+1'의 전하를 갖고, 탄소는 '-4'의 전하를 갖는다. 수소도 전자를 더 잘 내주는 금속과 만나면 전자를 받아서 음전하를 가질 수 있다. 이처럼 전자를 받아들이면 전기적으로 음성이 되기 때문에 반응의 결과로 음성이 되려는 경향을 '전기 음성도'라는 상대적 척도로 나타낸다. 이 척도에 따르면 수소는 2.1, 탄소는 2.5, 그리고 산소는 3.5의 값을 갖는다. 전자를 잘 받아들인다는 것은 전자를 끌어당기는 양전하가 크다는 것을 의미한다. 양전하는 원자핵의 양성자 수에 비례하는데 수소는 1개, 탄소는 6개, 산소는 8개로 전기 음성도의 순서와 같다는 것을 알 수 있다. 실제로 두 분자가 공유한 전자는 전기 음성도가 큰 원자 쪽에 쏠려 분포하게 된다. 수력발전소에서 낙차가 클수록 발전량이 커지듯, 전기 음성도의 차이가 클수록 많은 에너지가 반응열로 발생하는 것이다.

수소, 탄소, 산소 중 전기 음성도가 가장 높은 산소의 입장에서 반응열을 비교하기 위해서는 반응식을 다음과 같이 O_2 앞의 계수를 1로 맞추어놓는 것이 좋다.

$$① \ H_2 + \tfrac{1}{2}O_2 \ \rightarrow \ H_2O \qquad 286kJ/mol$$

식 ①에 2를 곱하면,

$$①' \ 2H_2 + O_2 \ \rightarrow \ 2H_2O \qquad 572kJ$$

$$② \ C + O_2 \ \rightarrow \ CO_2 \qquad 394kJ$$

식 ①'는 1몰의 산소 분자가 2몰의 수소 분자로부터 4몰의 전자를 끌어당기며 수소를 산화시키는 반응이고, 식 ②는 마찬가지로 1몰의 산소 분자가 1몰의 탄소 분자로부터 4몰의 전자를 끌어당기며 탄소를 산화시키는 반응이다. 두 반응 모두 1몰의 산소 분자가 4몰의 전자와 반응하는 것인데, 왜 수소와 탄소의 반응열이 크게 차이가 날까? 흥미롭게도 그 차이는 '572/394=1.45배'로 수소의 경제성을 설명해주는 세 번째 이유다. 산소가 자신보다 전기 음성도가 약간 낮은 탄소로부터 전자를 얻는지, 전기 음성도 차이가 큰 수소로부터 전자를 얻는지의 차이가 있었던 것이다.

수소가 탄소에 비해 경제적인 이유를 총정리해보자. 첫째, 탄소는 원자핵 속에 양성자와 같은 수의 중성자를 가지고 있지만 중성자가 없는 수소는 몸이 가볍다. 둘째, 탄소는 6개의 전자 중에서 2개는 바닥 상태에 숨어 있어서 산화 반응에 참여하지 못하지만, 바닥 상태에 들어 있는 수소의 전자는 그대로 외부에 노출되어서 산화 반응에 참여한다. 셋째, 탄소에 비해 전기 음성도가 낮은 수소는 전자를 잘 내줘서 쉽게 산화된다. 여기서 첫째와 둘째 이유는 정량화가 비교적 엄밀하게 적용된다. 셋째 이유는 원자핵의 양전하 크기 차이에서 비롯된 정성적인 이유라고 볼 수도 있고, 관찰 자료로부터 입증된 정량적으로 타당한 이유라고 볼 수도 있다. 한편, 우주에서 가장 풍부한 수소가 산소에 전자를 후하게 내주는 것은 모든 생명의 존재 이유가 된다. 바로 물을 만들기 때문이다.

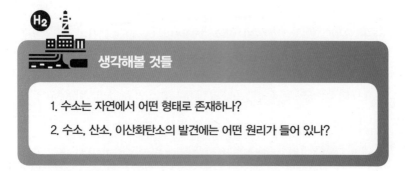

생각해볼 것들

1. 수소는 자연에서 어떤 형태로 존재하나?
2. 수소, 산소, 이산화탄소의 발견에는 어떤 원리가 들어 있나?

4장

수소 시대의
운송 수단

현대 사회에서는 일상생활은 물론 대부분의 문명 활동이 전력을 기반으로 이뤄진다. 조명, 휴대폰, 반도체 산업, 컴퓨터, 인공지능 등은 전력 단자에 플러그인plug-in되지 않고는 불가능한 문명 활동의 몇 가지 예에 지나지 않는다. 운송 수단 중에서도 고속철도나 지하철 등 철도 운송은 전기 기관차에 의존한다. 이같이 에너지를 이용하는 마지막 단계에서의 유용성 때문에 전력 형태의 에너지 비중은 점점 증가하고 있으며, 우리 사회는 빠르게 전기 중심 사회로 전환되고 있다. 특히 전기 에너지는 사용 과정에서 지구 온난화에 영향을 주는 이산화탄소를 배출하지 않는다는 점에서 탄소중립을 이루는 데 기여할 수 있다.

다가올 수소경제 시대의 새로운 에너지원인 수소 또한 결국 대부분 전기 에너지 형태로 변환되어 사용될 것이다. 특히, 운송 분야에서는 운송 수단의 동력이 현재의 내연기관에서 전기 모터로 바뀌게 될 것이다. 이 장에서는 운송에 집중해서 선기차battery electric vehicle,

BEV와 수소전기차fuel cell electric vehicle, FCEV에 대해 살펴보고자 한 다. 여기서 전기차란 2차전지secondary battery에 충전된 전기로 모터 를 작동시켜 운행하는 자동차를 말한다. 반면 수소전기차란 수소 연료전지fuel cell를 사용하는 자동차로, 수소를 연료로 스스로 전기 를 발생시켜 그 에너지로 동력을 얻는 자동차를 말한다.

전기차

전기를 이용하는 자동차, 즉 전기차의 역사는 1881년 프랑스의 구스타프 트루베Gustave Trouvé가 발명한 삼륜 자동차로부터 시작

세계 최초의 전기차 트루베의 삼륜 자동차. 이 최초의 전기차는 1881년 4월, 파리 시내를 성공 적으로 주행했다.

된다.[3] 트루베의 삼륜 자동차는 재충전 가능한 전지를 이용한 최초의 전기차라고 할 수 있다. 공식적으로 최초의 내연기관 자동차가 등장한 것이 1897년인 것과 비교하면 전기차의 역사는 결코 짧지 않다. 그러나 오늘날 전기차의 핵심인 반복적인 충전, 재충전이 용이한 2차전지가 개발되고 상용화되기까지는 이후 100여 년의 시간이 걸렸다.

2019년 스탠리 휘팅엄Michael Stanley Whittingham, 존 구디너프 John B. Goodenough, 아키라 요시노Akira Yoshino 세 사람은 리튬이온전지lithium ion battery를 개발한 공로로 노벨화학상을 받았다. 이들이 개발한 리튬이온전지는 충전 및 재사용 가능한 2차전지로, 이미 실용화하는 데 성공해서 휴대폰, 노트북, 전기차 등에 필요한

2019년 노벨화학상 수상자 좌측부터 차례대로 구디너프, 휘팅엄, 요시노.

전기 에너지를 공급하는 주요 장치로 사용되고 있다. 여기서는 특히 리튬이온전지가 전기차의 동력원으로 상용화되는데 위의 세 수상자가 어떤 역할을 했는지 알아보고자 한다.

그런데 왜 유독 리튬이 전지의 핵심 소재로 사용됐을까? 주기율표의 제일 왼쪽에 자리 잡은 원소들을 살펴보면 우선 원자 번호 1인 수소가 있고, 그 아래로 3번인 리튬이, 그다음에는 11번인 나트륨이 위치한다.

기체 원소인 수소를 제외하고 주기율표의 가장 왼쪽 줄을 살펴보면 리튬(Li), 나트륨(Na), 칼륨(K), 루비듐(Rb), 세슘(Cs) 등이 있는데, 이들은 알칼리족 금속이라 불린다. 이들은 공통적으로 최외각 전자 1개를 내놓고 안정적인 +1가 이온을 만드는 경향을 보인다. 그런데 원자 번호가 커질수록 최외각 전자는 원자핵에서 멀어지

원자 번호 3번 리튬

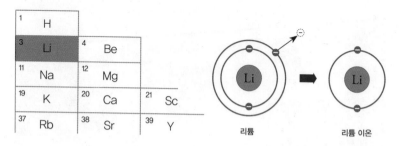

리튬은 알칼리족 금속 중에서 반응성이 가장 낮다.
출처: Nobel Foundation, "Popular Science Background, Nobel Prize in Chemistry 2019

고 따라서 쉽게 이온을 만든다. 즉, 반응성이 폭발적으로 증가한다. 그렇다면 나트륨만 해도 리튬보다 폭발 위험이 클 것이다. 그런 이유로 일단 알칼리족 금속 중에서 반응성이 가장 낮은 리튬이 전지의 핵심 소재로 채택된 것이다.

리튬의 장점은 더 있다. 리튬이온전지는 음극anode, 양극cathode, 전해질electrolyte, 분리막separator 네 가지 주요 요소로 구성되는데, 초기 전지에서는 리튬 금속이 음극재로 사용됐다. 전기회로가 구성되고 방전되기 시작하면 리튬은 1개의 최외각 전자를 내놓고 리튬 이온이 된다. 이때 리튬 전극에는 전자가 모이는데, 이 전자의 음전하 때문에 전극은 음극이 된다. 음극의 전자가 도선을 따라 양극으로 흘러가면, 즉 전류가 흐르면 이 전류는 전기차의 모

요시노가 개발한 상용화 가능한 최초의 리튬이온전지

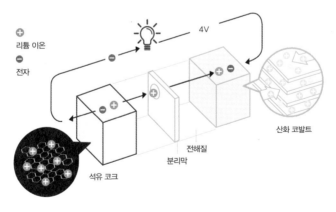

출처: Nobel Foundation, "Popular Science Background, Nobel Prize in Chemistry 2019"

터를 돌리고 궁극적으로는 자동차의 바퀴를 돌린다. 한편 전자를 빼앗긴 리튬 이온은 음극에서 전해질을 따라 양극 쪽으로 확산되어 전체적으로 전하의 균형을 맞추고 나중에 전지가 충전되기를 기다린다. 그런데 리튬과 나트륨을 비교해보기만 해도 알 수 있듯, 나트륨 이온은 리튬 이온보다 반지름이 30% 정도 크고 질량은 3배나 되어 확산 속도 면에서 리튬이 훨씬 유리하다. 전기차 개발자들의 1차 목적은 전지 무게를 줄이는 것이다. 마라톤 선수가 무엇보다 체중 조절에 신경을 쓰는 것과 마찬가지 이유에서다.

그렇다면 초기 2차전지에서 음극재의 개발과 양극재의 개발 중 어느 쪽이 보다 중요한 과제였을까? 앞에서 살펴보았듯, 음극에서 일어나는 반응은 리튬 금속이 전자를 내주고 리튬 이온이 되거나(방전), 리튬 이온이 전자를 받아서 금속 리튬이 되는(충전) 단순한 과정이다. 반면 양극에서는 방전 시 분리막을 통해 음극에서 흘러온 리튬 이온을 차근차근 정렬해두었다가 충전 시 음극에서 가까운 리튬 이온부터 차례대로 음극 쪽으로 이동시키는 질서 있는 움직임이 필요하다.

이 문제를 처음으로 해결한 사람이 휘팅엄이다. 1941년 영국에서 태어난 휘팅엄은 학사와 박사를 모두 옥스퍼드대학에서 마치고 미국 스탠퍼드대학에서 박사후연구원을 지낸 후, 1971년 엑슨모빌ExxonMobil 연구소에서 본격적으로 에너지 연구를 시작했다. 그리고 5년 후인 1976년 2차전지의 양극재로 층간 삽입 구조물을 사용하는 논문을 발표했는데, 이때 음극재로 리튬 금속을 사용했다. 여기서 삽입, '인터컬레이션intercalation'이라는 말은 원래 윤일을 뜻하는 말이다. 4년에 한 번씩 오는 윤년의 2월에 윤일 하루가 추가되는 것처럼, 층간 삽입 소재는 충전과 방전이 수없이 반복되는 동안 기본 구조는 변하지 않고 리튬 이온을 받아들여서 가볍게 붙잡고 있다가 충전 사이클에서 쉽게 내주면서 가역적인 전지의 작용을 가능하게 한다.

휘팅엄이 처음 양극재로 사용한 삽입 소재는 이황화타이타늄(TiS_2)이었다. 이 물질은 타이타늄(Ti) 원자 1개에 황(S) 원자가 2개 결합한 분자성 화합물이 아니라 타이타늄과 황 원자들이 네트워크를 형성하는 구조물이다. 휘팅엄은 이러한 구조가 전지의 양극에서 음극 방향으로 규칙적으로 자라도록 합성해서 겹겹이 쌓인 층상 구조를 만드는 데 성공했다. 그러면 리튬 양이온이 층 사이로 확산해 들어와 황의 음이온과 상호작용해서 붙잡혀 있게 된다. 이 경우 양이온과 음이온 사이의 결합은 공유결합에 비해 상당히 약한 '반데르발스 결합van der Waals interaction'을 이룬다.

이렇게 휘팅엄은 2차전지의 양극에 층간 삽입 원리를 도입해 리튬이온전지의 선구자가 됐다. 1977년 엑슨모빌은 최초로 재충전 가능한 리튬이온전지 관련 특허를 취득했는데, 리튬 이온의 확산 속도 등에서는 만족할 만했으나 음극으로 사용한 금속 리튬의 화재 위험 등 안전성 문제를 극복하지 못해 얼마 후 특허를 포기

했다. 후일 휘팅엄은 뉴욕주립대학 빙햄턴 캠퍼스에 교수로 재직
하던 중 노벨상 수상자로 선정됐다.

또 다른 2019년 노벨화학상 수상자 구디너프는 1922년 독일
에 거주하던 미국인 부모 아래에서 태어났지만 학부는 미국 예일
대학에서 수학을 전공했다. 2차 세계대전 중에는 육군 기상장교
로 근무했고, 종전 후에는 시카고대학에 입학해서 고체물리학을
전공했다. 당시 물리학과의 한 교수가 그를 보고 "우리 과에서 자
네 또래의 물리학자라면 벌써 전공 분야에서 한가락 했을 텐데"
라며 아쉬워했지만, 구디너프는 대기만성형 물리학자였다. 구디
너프는 박사 학위를 받고 나서 MIT 링컨연구소에서 계속 연구했
는데, 특히 반도체와 초전도체 분야에서 많은 업적을 이뤘다.

구디너프는 1980년경 영국 옥스퍼드대학으로 자리를 옮겨서
무기화학 교수가 됐고, 여기서 리튬이온전지에 관한 여러 중요한
논문을 발표했다. 특히 휘팅엄이 양극재로 사용한 황화물 삽입 물
질을 이산화코발트 등의 산화물로 대체해 에너지 밀도를 높이고
출력 전압도 2.5볼트에서 4볼트 이상으로 증가시켰다. 그가 개발
한 리튬인산철LFP 전지는 성능이 좀 떨어지는 대신 가격이 낮아서
테슬라Tesla가 생산하는 중국산 전기차에 널리 쓰였다. 그러나 구
디너프도 양극재 개발에만 집중했을 뿐 음극에서 일어나는 금속
리튬의 화재 위험에는 대처하지 못했다. 2019년 노벨화학상을 수
상할 당시 구디너프는 오스틴의 텍사스대학에 재직 중이었다. 당

시 그의 나이는 97세로 최고령 노벨상 수상자 기록을 경신했다.

요시노는 최초로 실용적인 리튬이온전지를 만든 공학자로 인정받는다. 1948년 생으로 교토대학 공대에서 학사와 석사 학위를 받고, 아사히카세이Asahikasei라는 화학 회사에서 근무한 요시노는 상식을 넘어선 도전적 사고를 하는 것을 평소의 모토로 삼았다. 그래서인지 휘팅엄과 구디너프가 양극재 개발에 매달린 데 비해 그는 음극재의 리튬을 대체할 전혀 새로운 물질을 찾아내기 위해 노력했다.

당시 전기가 통하는 전도성 고분자conducting polymer가 알려지고 이 분야에서 노벨상 수상자가 등장하자, 요시노는 전도성 고분자의 일종인 폴리아세틸렌polyacetylene을 음극재로 활용하는 아이디어를 생각해냈다. 하지만 원하는 성능을 얻지는 못했다. 요시노의 행운은 그의 전공이었던 석유화학에서 찾아왔다. 원유를 정제하는 과정에서는 석유 코크petroleum coke라는 폐기물이 생긴다. 요시노는 석유 코크를 가열해 전자현미경으로 구조를 조사하다가 흑연 같은 결정 구조가 나타난다는 것을 알아냈다. 이 물질을 음극재로 사용했더니 상당히 높은 에너지 밀도가 얻어졌고, 기존에 음극재로 사용되던 금속 리튬의 단점인 화재나 폭발의 위험은 자연스럽게 사라졌다. 이것이 1985년의 일이다. 요시노의 전지는 소니Sony에서 상용화됐고, 요시노는 2005년 오사카대학에서 박사 학위를 받았다. 지금은 아예 흑연이 요시노 전지의 음극재로 사용되고 있다.

리튬이온전지의 역사는 음극재와 양극재를 각각 무엇으로 사용했는지에 따라 다음과 같이 정리할 수 있다.

발명자	음극재	양극재
휘팅엄	리튬	이황화타이타늄
구디너프	리튬	리튬이산화코발트
요시노	흑연	리튬이산화코발트

정리하면, 구디너프 단계까지 리튬이온전지는 충분히 만족스러운 수준이 아니었다. 요시노에 이르러서야 휘팅엄이 도입한 삽입원리의 층상 구조가 음극재로 사용되면서 리튬이온전지는 드디어 완벽히 작동하는 만족스러운 시스템으로 자리 잡게 된 것이다.

2021년 기준으로, 전기차는 전 세계적으로 1650만 대가 운행되고 있으며 자동차 시장 신차 점유율은 9%(680만 대)에 이른다. 국제에너지기구International Energy Agency, IEA는 2030년에 이르면 전 세계적으로 7%의 자동차(1억 4500만 대)가 전기차일 것이라고 전망했다.[4] 우리나라에서도 2021년 말 기준 전기차 수가 20만 대에 이르는 등 최근 들어 전기차를 비교적 쉽게 볼 수 있으며, 전기차 충전소도 주차장 곳곳에서 발견할 수 있다. 수십 년 동안 내연기관 차로 큰돈을 벌어온 토요타Toyota 등 자동차 회사들이 마지못해 내연기관과 전기차의 하이브리드 모델을 개발하는 등 새로운 시류를 받아들이지 못하고 시간을 끌었지만, 최근에는 대부분의 완성차 회사들이 전기차로 방향을 잡은 듯하다.

다가올 수소경제 시대에는 과연 전기차가 내연기관 차를 대체할까? 전기차는 운행 과정 자체에서는 탄소를 배출하지 않지만, 전기차에 충전되는 전기는 이야기가 다르다. 현재 전 세계적으로 생산되는 전기의 80% 이상은 탄소를 배출하는 석탄, 천연가스, 석유 등으로부터 나오고 있다. 하지만 2025년이 되면 전기차는 탄소와 무관한 태양광, 풍력, 원자력 등 신재생 에너지로부터 전기를 얻어야 한다. 탄소중립에 도달해야 하는 2050년이 되면 모든 전기차는 탄소 배출이 0인 수소전기차로 전환하거나 넷제로를 달성하기 위한 정부의 막대한 보조금 지원이 불가피해질 것이다. 이에 수소를 연료로 하여 전기를 직접 발생시켜 동력을 얻는 수소전기차가 그 대안으로 거론되고 있다.

수소전기차

앞에서 살펴본 대로 전기차는 2차전지에 충전된 전기 에너지를 사용해서 동력을 얻는다. 전지에 전기를 충전해 사용하고, 방전되면 다시 충전해 사용하는 것이다. 여기서 전지는 쉽게 말해 에너지 저장장치다. 이와 달리 수소전기차에 사용하는 '연료전지'는 수소를 연료로 해서 전기를 발생시키는 장치다. 즉 수소전기차는 연료전지를 갖춘 작은 발전소라고 볼 수 있는데, 전기를 스스로 발생시키는 대신 에너지 저장 기능은 없다. 대신 에너지원인 수소를 충전하면 연료전지를 통해 전기 에너지를 얻고 이를 동력으로 사용한다.

수소연료전지의 역사는 180년 전으로 거슬러 올라갈 정도로 전기차와 비교해봐도 짧지 않다. 1839년 영국의 판사이자 물리학자였던 윌리엄 그로브William R. Grove는 백금을 전극으로 하고 묽

베이컨과 수소연료전지 1959년 영국의 공학자 프랜시스 베이컨은 6kW 출력의 수소연료전지 제작에 성공했다.

은 황산을 전해질로 사용해 수소연료전지 개념을 처음으로 실증해 보였다. 그러나 그 전력은 실용화될 정도로 충분하지는 않았다. 전력을 높여 실용성을 획득하려는 노력은 계속됐고, 약 100년이 지난 1959년 영국의 공학자 프랜시스 베이컨Francis T. Bacon이 6킬로와트(kW) 출력이 가능한 전지 제작에 성공함으로써 실용화의 초석을 놓았다.[5]

1960년대에 이르러 미국항공우주국이 수소를 우주선의 동력원으로 사용하기 시작했는데, 특히 수소연료전지를 탑재한 아폴로 11호의 달 착륙으로 큰 주목을 받았다. 당시 미국 대통령이었던 리처드 닉슨Richard Nixon은 베이컨에게 "당신이 없었더라면 달 착륙은 불가능했을 것"이라고 말했다. 베이컨은 영국의 철학자인 프랜시스 베이컨Francis Bacon 집안의 후손이기도 하다.

수소전기차의 수소연료전지는 원리적으로 볼 때 전기차의 2차 전지에 비해 훨씬 간단하다. 수소의 산화와 산소의 환원이 동시에 한곳에서 이뤄지면 연소 혹은 폭발이 일어나는데, 수소연료전지는 수소가 전자를 잃는 산화 지점(음극)과 산소가 전자를 얻는 환원 지점(양극)을 분리해 전기를 생산한다.

수소연료전지의 음극, 양극에 각각 외부의 도선을 연결하면 음극에서 수소가 내놓은 전자가 양극에 끌려 전류의 흐름을 만든다. 음극에 주입된 수소는 전자를 내놓은 후 수소 이온이 되고, 이 수소 이온은 전해질을 통해 양극으로 가서 주입된 산소와 만나 음

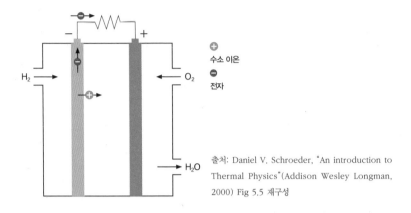

출처: Daniel V. Schroeder, "An introduction to Thermal Physics"(Addison Wesley Longman, 2000) Fig 5.5 재구성

극에서 온 전자를 공유하며 결합해 물을 생성한다. 즐거운 전자의 공유가 계속되는 것이다.

이제 수소경제의 요체인 수소의 반응열이 수소연료전지에 어떻게 활용되는지 자세히 살펴보자. 전지가 갖고 있는 전기적 성질은 전압으로 표시된다. 우리 주위에서 흔히 볼 수 있는 건전지는 양극과 음극의 전위 차이, 즉 전위차가 1.5볼트이고, 이를 흔히 '전압이 1.5볼트*'라고 말한다. 수소연료전지의 전위차는 비교적 간단히 계산할 수 있는데, 그 이유는 전지의 구조와 수소의 반응이 간단해서 열역학 법칙을 적용하는 것이 매우 단순하기 때문이다. 다

● 볼트(volt)는 전압의 단위다. 1볼트는 1쿨롱의 전하가 1줄의 에너지를 얻을 때의 전위차를 말한다. 예를 들어, 전자의 전하(e)는 '1.6×10^{-19}쿨롱'이므로 1볼트 전지에서 전자가 받는 에너지는 '1.6×10^{-19}줄'이 된다. 그러면 1몰의 전자가 받는 에너지는 여기에 아보가드로수를 곱한 9만 6,485줄이 된다.

시 말해, 수소연료전지는 전기차의 전지와 달리 간단한 원리로 깁스 자유에너지로부터 전위차가 주어진다.

$$H_2 + \tfrac{1}{2}O_2 \;\rightarrow\; H_2O \qquad 286 \text{ kJ/mol}$$

수소연료전지에서 발생하는 전기 에너지의 원천은 위의 식처럼 수소와 산소가 반응해서 물을 만들면서 나오는 반응열($-\triangle H$)인 286kJ/mol이다. 그러나 기체가 물이 되면서 줄어드는 엔트로피를 보상해야 하기 때문에 반응열 중 일부(49kJ/mol)가 열로 주위 환경에 소모되어서($-T\triangle S$) 실제 일에 쓸 수 있는 에너지는 237kJ/mol이 된다. 이 에너지가 깁스 자유에너지의 감소량($-\triangle G$)이자 이 반응의 자발성에 해당한다.

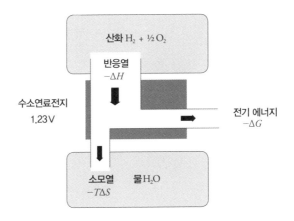

수소연료전지의 열 호름 연료전지에서 수소의 산화 반응열이 전기 에너지로 바뀌고 나머지는 열로 소모된다.

보통 전지의 전력 용량은 에너지 밀도로 표시하는데, 킬로그램 당 와트시(Wh/kg) 단위로 나타낸다. 여기서 1와트시(Wh)는 3,600줄에 해당한다. 예를 들어, 리튬이산화코발트를 양극재로 하는 리튬이온전지의 에너지 밀도는 250Wh/kg 정도다. 그런데 수소연료전지의 에너지 밀도는 방금 우리가 살펴봤듯이 237kJ/mol이고, 이를 무게 기준으로 환산하면 328Wh/kg이 된다. 이를 통해 우리는 수소연료전지가 리튬이온전지 못지않은 전력을 공급한다는 것을 확인할 수 있다.

다시 전위차 이야기로 돌아가보자. 수소연료전지의 두 극을 도선으로 연결하면 수소 분자에서 분리된 전자가 음극에서 나와 양극으로 이동하면서 전류가 흐른다. 이때 전자가 받게 되는 전기 에너지는 깁스 자유에너지 감소량과 같다. 하나의 수소 분자당 전자는 2개이므로 1몰의 수소 분자로부터 나오는 전자의 수는 2몰이다. 따라서 1몰의 전자가 얻는 에너지는 237kJ의 절반인 118.5kJ이므로 전압 1볼트 전지에서 1몰의 전자가 얻는 에너지인 9만 6,485줄로 나누면 연료전지의 전압으로 1.23볼트를 얻는다. 이 과정을 간단하게 다음 식으로 요약할 수 있다.

$$E = \triangle G/(2eN_A) = (237 \times 1,000)/(2 \times 96,485) = 1.23(\text{volt})$$

여기서 9만 6,485는 전자 1몰의 전하에 해당하는 쿨롱 단위의 양으로, 패러데이 상수Faraday's constant, $F=eN_A$다. 위의 식에서도 볼 수 있듯, 수소연료전지의 전압은 수소의 반응열, 전자의 전하, 그리고 아보가드로수에 의해 놀랍게도 간단히 정해진다. 수소경제의 저력은 수소의 구조적 단순성과 간단하게 적용될 수 있는 과학적 원리에 기반한다고 볼 수 있다.

그렇다면 수소연료전지의 열효율과 휘발유를 연소해 에너지를 얻는 내연기관의 열효율을 간단히 비교해보자. 수소연료전지의 열효율은 일로 쓰일 수 있는 깁스 자유에너지(237kJ/mol)를 반응열(283kJ/mol)로 나누어 얻는데, 약 83%의 고효율을 갖는다. 한편 내연기관 열기관의 원리를 살펴보면, 자동차 엔진은 휘발유를 연소해서 온도(T_2)가 높아진 기체의 에너지(Q_2)를 사용해 동력(일)을 얻고, 에너지를 잃고 온도(T_1)가 식은 기체는 배기가스로 나머지 열(Q_1)을 배출한다. 여기서 일을 최대로 얻으려면 배기가스의 열(Q_1)을 0으로 줄이면 될 것 같지만, 열역학 제2법칙에 의해 이는 불가능하다. 따라서 엔진의 효율은 100%가 될 수 없으며, 이론적으로는 '$1-T_1/T_2$'로 계산된다. 이때 T_1을 대기 온도와 같은 300K로, T_2를 600K로 가정하면 내연기관의 이상적인 열효율은 50%가 된다. 내연기관의 실제 열효율은 대략 20%다. 이론적으로 이상적인 수소연료전지의 열효율이 83%임을 고려해볼 때, 내연기관보다 수소연료전지가 열효율이 훨씬 높음을 알 수 있다. 이는 수소경제의 우월성을 보여주는 또 하나의 과학적인 지표다.

다만 수소연료전지의 열효율 83%와 전위차 1.23볼트는 이상적인 이론값으로, 실제 장치에서는 음극과 양극에서의 진위 보정과 전해질의 전기적 특성으로 인해 내부 손실이 발생할 수밖에 없다. 그래서 실제로는 1볼트보다 적은 전위차 값으로 작동되고, 반응열에 대한 효율은 50% 정도다. 이 때문에 지금 이 순간에도 수소연료전지의 효율성과 안정성을 개선하기 위한 노력이 활발히 진행 중이다. 수소연료전지는 2차전지의 경우와 같이 전해질로 쓰이는 물질과 음극과 양극에 쓰이는 물질, 그리고 구조에 따라 특성이 달라진다. 2차전지에서 리튬이온전지가 성공을 거두고 시장을 독점했듯이 미래를 선도할 실용적인 수소연료전지 개발은 분명히 과학자들에게 놓칠 수 없는 도전의 기회다. 우리는 이를 통해 수소연료전지와 수소경제의 새로운 풍경을 보게 될 것이다.

수소전기차는 이러한 수소연료전지들을 연결해 고전압을 얻고 이를 동력으로 사용하는 자동차다. 2013년 현대자동차는 수소연료전지를 이용해 세계 최초로 양산형 모델(투싼 IX 퓨얼 셀)을 출시했다. 100kW 연료전지 시스템과 700기압의 수소 저장 탱크를 갖춘 이 모델은 한 번의 충전으로 최대 594킬로미터 주행 가능한 수소전기차다. 곧이어 현대자동차의 넥쏘nexo와 토요타의 미라이mirai 등이 출시되면서 수소전기차의 본격적인 상용화가 이루어졌고, 최근에는 많은 자동차 생산 업체들이 다양한 형태의 수소전

투싼 IX 퓨얼 셀 현대자동차가 선보인 '투싼 IX 퓨얼 셀'은 세계 최초의 양산형 수소전기차 모델
이다.

기차 상용화에 나서면서 판매량 역시 빠른 속도로 증가하고 있다.
2021년 기준으로 전 세계에서 5만 2,000대의 수소전기차가 운
행되고 있으며, 수소 충전소도 730곳에 설치되어 있다. 이 모습은
리프킨의 『수소경제』에서 "오는 2010년 안에 … 수소 구동 연료
전지 자동차의 새벽을 목격하게 될 것"이라는 예측과 크게 어긋
나지 않는다. 수소전기차 개발과 관련해 충전소 등 기반시설 구축
또한 수소경제를 현실화하기 위한 노력의 일환으로, 국가의 정책
적인 지원을 받아 나날이 발전하고 있다.

 이쯤에서 전기차와 수소전기차의 차이를 요약해보자.

	전기차	수소전기차
에너지원	발전소에서 생산되어 충전소로 송전된 전기를 에너지로 사용한다. 전력 생산을 위해서는 아직 석탄, 천연가스, 석유 등 화석연료가 사용되어 이산화탄소 배출이 불가피하다. 2050년 이후, 재생에너지에서 생산된 전기로 물을 분해해 얻는 수소인 그린 수소(Green Hydrogen)가 대중화되면 이를 사용해 생산한 전력을 충전소로 송전하게 될 것이다.	수소 충전소에서 수소를 충전해 에너지를 얻는다. 다만 현재 대부분의 수소는 메탄의 개질화 등 석유화학 공정으로 만들어진다. 수소를 얻는 과정에서 발생한 이산화탄소를 제거하지 않은 형태를 그레이 수소(Gray Hydrogen), 이산화탄소를 포집해서 제거한 형태를 블루 수소(Blue Hydrogen)라고 한다. 전기차 충전에 사용되는 전기 생산이 이산화탄소 중립에 미치지 못하는 것과 유사하다. 2050년 이후에는 그린 수소의 사용이 보편화될 전망이다.
충전	발전소에서 충전소까지 송전이 필요하다. 이때 전기의 유실이 일어나고, 전지 같은 무거운 저장장치가 필요하다.	발전소에서 생산한 전기로 물을 전기분해해서 수소를 얻으면 그 이후 수소 충전소에서 수소전기차를 충전할 때까지는 전지, 송전 시설 등이 불필요하다. 수소는 압축해서 대형 트럭이나 운반선으로 운반하면 된다.
비용	리튬이온전지를 만들기 위해서는 값비싼 리튬, 코발트, 니켈, 망간 등의 금속이 많이 필요하다. 따라서 재활용 시장이 형성될 가능성이 높다. 재활용하기 위해서는 뒤섞인 금속을 분리, 정제할 필요가 있다.	수소연료전지에서 가장 비싼 부품은 백금 전극인데, 가격을 낮추려는 여러 노력이 시도되고 있으며, 어느 정도 성공을 거두고 있다.

한편, 수소전기차를 논의할 때 흔히 제기되는 우려는 비용 측면의 문제다. 물을 전기분해해서 그린 수소를 얻기 위해서는 많은 에너지, 즉 분해열이 필요한데 이를 감당하려면 그린 수소의 가격이 너무 높아지지 않겠는가 하는 것이다. 수소가 산화되어서 물로 바뀔 때 엔탈피 변화는 물 1몰당 -286kJ/mol 정도다. 물의 전기분해는 거꾸로 물을 수소와 산소로 되돌리는 역반응이기 때문에 원리적으로 286kJ/mol의 열이 필요하다. 이는 우리가 주위에서 흔히 볼 수 있는 반응 중 가장 에너지가 많이 필요한 흡열 반응이다.

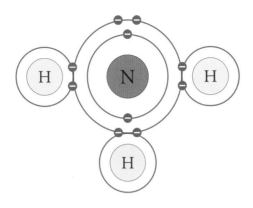

암모니아 분자 암모니아는 질소와 수소가 공유결합을 이룬 구조를 갖는다.

여기서 잠깐 물의 전기분해 이외의 방법으로 그린 수소를 얻을 길은 없을까 생각해보자. 일단 우주에 풍부한 원소 중에서 수소 원자 여러 개가 결합한 화합물을 찾아야 하는데, 물 이외의 후보로는 질소와 수소가 3:1로 공유결합을 이룬 암모니아(NH_3)만한 게 없어 보인다.

질소는 7번 원소로 안쪽 궤도에 2개의 전자를, 두 번째 궤도에 5개의 전자를 가지고 있는데, 옥텟 규칙을 만족시키려면 두 번째 궤도에 3개의 전자가 더 필요하다. 질소와 수소가 암모니아를 만드는 반응의 엔탈피 변화(①)와 산소와 수소가 물을 만드는 반응의 엔탈피 변화(②)를 비교해보자.

$$① \ \tfrac{1}{2}N_2 + \tfrac{2}{3}H_2 \ \rightarrow \ NH_3 \qquad -46.2kJ/mol$$

$$② \ \tfrac{1}{2}O_2 + H_2 \ \rightarrow \ H_2O \qquad -286kJ/mol$$

여기서 보면 두 반응 사이의 엔탈피 변화 차이가 6배 이상 되는 것을 알 수 있다. 산화되는 것은 양쪽 모두 수소인데, 한쪽은 산화시키는 물질이 수소보다 전기 음성도가 약간 높은 질소이고, 다른 쪽은 수소보다 전기 음성도가 훨씬 높은 산소이기 때문이다.

그런데 우리는 물의 전기분해 또는 암모니아의 열분해로부터 수소를 얻는 방법을 비교해야 하기 때문에 실제로 의미를 갖는 것은 위 두 반응의 역반응이다. 그러므로 암모니아 합성의 작은 엔탈피 변화는 그린 수소를 얻는 데는 장점으로 작용한다. 물론 이 반응을 일으키는 과정에서 이산화탄소가 배출되지 않아야 한다. 그런데 수소와 산소가 물로 바뀌는 반응이 비교적 쉽게 일어나는 데 비해 수소와 질소가 암모니아로 바뀌는 반응은 하버-보시법 Haber-Bosch process으로 알려진 노벨상급의 쉽지 않은 공정을 거쳐야 한다. 따라서 높은 확률로 암모니아 합성의 역반응, 즉 암모니아 분해 작업은 뜻밖의 난관에 봉착할 수도 있다. 한편 암모니아의 독성 또한 문제가 될 수 있는데, 대도시로부터 멀리 떨어진 곳에서 암모니아를 분해해 얻은 수소를 대량 운반선이나 차량으로 운반한다면 그 위험성에서 벗어날 수 있을 것이다.

사실 경제성만 따지자면, 물을 분해해서 수소를 만들고 연료전지를 사용해서 그 수소를 다시 물로 바꾸는 것은 밑지는 장사다. 수소연료전지를 통해 얻는 에너지가 물을 분해하는 데 들어가는 에너지에 미치지 못하기 때문이다. 하지만 이것은 수소전기차에서만 발생하는 문제가 아니다. 탄소중립이 실현되는 2050년이 되면 전기차나 수소전기차나 모두 그린 수소라는 같은 출발점에서 출발해야 하기 때문이다. 중요한 것은 그렇게 손해를 감수하면서 얻는 게 무엇인가 하는 것이다. 답은 지구 온난화를 극복한 청정한 지구 환경이다. 물의 전기분해 효율을 극대화하는 기술이 개발되고 그린 수소의 경제성이 경쟁력을 얻게 되면 그 파급 효과는 전기차, 수소전기차 등의 운송 수단에 그치지 않고 사회 전반적인 수소경제의 도입으로 이어질 것이다.

생각해볼 것들

1. 수소를 경제적으로 만드는 것은 왜 어려운가?

2. 전기차의 핵심인 2차전지 발전에는 어떤 사람들이 기여했나?

3. 2050년에는 수소연료전지가 경쟁력을 가질 수 있을까?

집필 후기

수소 원자는 여전히 손짓한다The hydrogen atom still beckons.

— 존 릭든(2002)

2021년 여름, 서울대 김희준 교수와 서울 강남 교대역 부근의 약속한 식당에서 만났다. 김 교수가 집필 구상을 설명하고 공동 작업에 대한 의견을 나누는 자리였다. 몰당 에너지와 질량당 에너지의 차이에 대한 의견도 나누었는데, 집필 도중에 알게 됐지만 이는 수소의 경제성을 어떻게 강조할지에 대한 방향을 확인하기 위한 과정이었다. 집필 구상은 존 릭든의 『수소』와 제레미 리프킨의 『수소경제』에서 시작됐다. 두 책은 2002년 출간됐다. 김 교수가 가져와 식탁 한쪽에 놓여 있던 릭든의 『수소』에 눈길이 갔고, 자연스럽게 책 내용으로 화제가 옮겨졌다.

수소는 주기율표의 맨 앞자리를 차지하는 원자 번호 1인 원소다. 수소는 전자 1개와 양성자 1개로 이루어진 가장 단순한 원자 구조를 갖고 있다. 흥미롭게도 리프킨이 『수소경제』를 출간한 2002년에 릭든은 『수소』라는 제목의 단행본을 출간했는데, 이 책에는 수소 원자 연구가 20세기 인류 정신사의 혁명으로도 볼 수 있는 양자역학의 발전에 기여한 내용이 담겨 있다. 릭든은 이 책에서 수소와 관련된 20여 가지 기본적인 발견을 상세히 설명했는데, 대부분 노벨상이 수여된 연구들이다. 이를 통해 저자는 우주에 가장 많이 분포하고 있으며 다가올 수소경제 체제를 이끌 에너지원이 될 으뜸 원소로서 수소의 역할을 예언했다.

김 교수가 2003년 일독을 마쳤다며 펼쳐 보인 책의 말미에 형광펜으로 강조해놓은 '화학자가 담을 수 있는 또 다른 수소 이야기가 더 있을 것이다'라는 부분이 눈에 띄었다. 화학자의 눈으로 본 수소에 관한 모든 것에 대한 책이 나왔으면 좋겠다는 생각을 오래전부터 가졌던 것 같다. 이와 더불어 리프킨의 『수소경제』와의 만남은 수소에 관한 화학뿐만 아니라 물리학을 포함한 과학적 지식을 현실적인 사회 현상과 연관하여 일반인에게 소개하는 책의 집필을 구상하고 계획하게 된 계기가 되어주었다.

가족이 있는 미국 로스앤젤레스에 머물게 된 김 교수와는 이메일과 카카오톡으로 교신하면서 집필 작업을 했다. 원고가 마무리되고 출판사와 수정 보완 작업을 하던 중 2022년 8월 24일 영면하셨다는 전혀 예상치 못했던 슬픈 소식을 접하게 되었다. 김 교수의 유작인 이 책에는 두 편의 시가 실려 있다. 1장에는 평소에

애송하던 워즈워스의 시 「수선화」가, 3장에는 옥텟 규칙에 관한 영문 자작시가 실려 있다.

　책이 출간되어 나오기까지 조언과 격려로 도움을 주신 이영경 여사와 김두철 교수에게 감사드린다.

2023. 2. 이현규

추천의 글

김두철 서울대학교 물리천문학부 명예교수, 전 기초과학연구원장

우리가 누리고 있는 과학기술 문명에서 그 과학기술을 뒷받침하는 과학을 이해하는 일은 매우 중요하다. '과학기술'은 과학과 기술Science and Technology이라는 병렬적 의미를 갖기도 하지만 보통은 과학을 바탕으로 한 기술, 즉 과학적 기술Technology을 의미한다. 즉 모든 과학기술에는 밑바닥에 깔린 과학이 있다.

그러면 과학기술의 바탕을 이루는 과학을 꼭 이해해야 하는가? 사실 휴대폰에 숨겨진 무수한 과학을 알지 않아도 휴대폰 사용에 아무 문제가 없으며 그것을 다 알 수도 없다. 휴대폰의 신기한 기능 중 하나가 위치 추적에 쓰이는 GPS다. GPS의 작동 원리 밑에 아인슈타인의 상대성 이론이 숨어 있다는 것도 아는 사람만 안다.

그러나 지식과 앎은 그것에서 파생되는 기술에 대한 정확한 이해를 가능케 한다. 왜 GPS가 어디에서는 잘 되고 어디에서는 잘 안 되는지, 왜 어마어마한 세금을 들여 인공위성을 쏘아 올려야 하는지에 대하여 이해를 하는 것과 하지 않는 것은 중요한 문제

다. 과학적 지식은 개기일식 현상을 두려운 초자연적인 현상으로 보는 원시인과 천체의 운행에 따른 자연적 현상으로 보는 현대인의 차이를 준다.

　인류가 당면한 기후 위기는 우리 사회의 경제 체제에 큰 변화를 주고 있다. 그중 하나가 앞으로 다가올 수소경제 시대다. 이 변화 과정에서 많은 사회적·정치적 논란이 예상된다. 2016년 일본 교토에서 열린 'STS 포럼 2016'의 주제가 수소경제였다. 당시 아베 신조 총리가 기조 강연 연사로 나서서 수소경제의 중요성을 역설하고 경제산업성 장관이 수소경제의 실천 방안을 제시하는 것을 인상 깊게 들은 기억이 있다. 우리는 한발 늦은 듯싶지만 이제 본격적으로 논의되고 있다. 특히 그린 수소 시스템을 경제적으로 구현할 여러 기술적 방안에 대한 연구가 활발하다. 이러한 사회적 배경에 비추어 이 시대를 살아가는 지식인으로서 수소경제의 밑바탕을 이루는 과학에 대한 이해는 꼭 필요한 일이다.

　그런 의미에서 이번에 고 김희준 서울대 화학과 명예교수와 이현규 한양대 물리학과 명예교수의 합작품으로『수소경제의 과학』이 출간되어 기쁘게 생각한다. 꼭 필요한 책이 시의적절하게 출판되었다. 이 책은 수소경제의 근간을 이루는 수소 그 자체에 대한 이해부터 기술하고 있다. 수소가 우주의 빅뱅 때 어떻게 생겨났는지, 어찌해서 전 우주 질량의 3/4을 차지하는지 하는 대서사시로 우리를 이끈다. 또, 시선을 아래로 돌려 수소가 연소하여 물이 되는 과정에서 나오는 에너지가 왜 다른 에너지원보다 유리한지를 기초적인 화학 반응을 기반으로 하여 차근차근 설명한다. 저자들의 현란한 지적 여행을 따라가다 보면 수소경제의 바탕을 이루는 과학이 명쾌하게 정리되는 책이다.

김희준 교수는 서울대 화학과 교수로 있으면서 '우주와 생명' 같은 K-MOOC 명강의, 『철학적 질문과 과학적 대답』 같은 여러 권의 저서를 통하여 대중에게 과학하는 즐거움을 안겨준 과학자이자 과학 저술가였다. 소주잔을 놓고도 정답게 조곤조곤 과학을 이야기하던 평소의 스타일이 그대로 문체에 녹아 있는 듯하여 다소 어려운 주제임에도 속으로 미소를 지으며 읽게 된다. 이현규 교수는 핵물리학 이론 석학으로서 한국중력파연구협력단의 일원으로 중력파 검출에 일조하여 제5회 브레이크스루상 수상자 명단에 이름을 올리기도 하였다.

두 저자는 본인이 재직했던 기초과학연구원에서 기획조정위원회의 위원으로 활동하던 인연으로 의기투합하여 이 책을 완성하게 되었다. 앞으로도 더 많은 저작을 기대하던 차에 아쉽게도 이 책을 마무리하다가 소천하신 김희준 교수의 명복을 빈다.

추천의 글

김하석 서울대학교 화학과 명예교수, 대구경북과학기술원 초빙석좌교수

존경하는 후배인 고 김희준 교수의 명복을 빕니다.

김 교수의 투병 중에 들은 소식은, 딸이 사는 로스앤젤레스 근교의 병원에서 정밀의학(맞춤의학, precision medicine)적 치료를 받기 위해 미국에 갔고, 유사한 질병 치료 데이터를 찾았다는 것이었습니다. 그렇기에 낙관적인 결과를 기대하고 있다가 슬픈 소식을 접하게 되었습니다. 두 번째 소식은 치료받는 몇 달 사이에 수소에 관련한 책을 집필한다는 것이었고, 그 집필된 원고를 이번에 책자로 발간하게 되었다는 것이었습니다. 김 교수의 학구열에 다시 한번 경의를 표합니다.

***

수소경제라는 단어는 본 책의 내용에서도 밝혔듯이 경제사회 분야의 사상가이자 저술가로 알려진 제레미 리프킨이 2002년에 출간한 책인 『The Hydrogen Economy: The Creation of the Worldwide Energy Web and the Redistribution of Power on Earth』에 사용되었습니다. 그러나 과학적인 견지에서 이 단어가 처음 나온 것은 30년을 거슬러 1970년에 몇 사람이 제기했으나 가장 널리 알려진 바에 따르면 전기화학자인 존 보크리스J. O'M. Bockris 교수의 에너지, 환경, 경제 분야 등에 영향을 미친 논문[•]입니다.

보크리스 교수는 이 논문에서 앞으로 예상되는 에너지 수요의 급증과 이에 따른 이산화탄소와 열의 발생을 줄이기 위해 에너지 운반체energy carrier로서 수소의 역할이 중요하다는 점을 제시했습니다. 구체적으로는, 값싼 전기를 사용하여(원자력발전소를 연안 400km 밖의 수상에 설치) 수소와 산소를 생산하고 수소를 파이프나 배로 실제 사용처까지 보낸 뒤 수소연료전지로 전기를 만들어 쓰자는 방안입니다. 전기로부터 수소를 생산하고 다시 수소연료전지로 전기를 만드는 과정의 전체 효율이 화력발전소로부터 발전하고 송전하는 전 과정의 효율보다 높기 때문에 경제적이라는 점, 아울러 모든 교통수단과 철, 알루미늄 등 금속의 제련 과정 등에도 수소를 사용할 수 있음도 지적하였습니다. 이 논문은 직접적으로 화석연료의 고갈과 지구 온난화에 대한 언급은 없었으나 50년이 지난 지금의 상황을 고려하면 많은 시사점을 갖고 있다

•   J. O'M. Bockris, 「A Hydrogen Economy」, Science, 176, 1323(1972).

고 할 수 있습니다.

『수소경제의 과학』은 김 교수가 혼심을 들여 완성한 유작임과 동시에 화석연료에 의존하여 이룬 현대 문명사회의 경제 기반을 탄소에서 수소로 바꾸자는 내용을 담고 있습니다. 참으로 시의적절하고 획기적인 과제임에 틀림없습니다. 1장 '왜 지금, 수소인가'에서 지적된 내용이기도 합니다. 인구의 급증이 몰고 온 에너지 수요 확대는 필연적으로 이산화탄소 배출량 증대를 가져왔고, 따라서 요즘 우리가 겪고 있는 지구 온난화로 이어져 지구가 몸살을 앓고 있습니다. 이 문제의 심각성을 인식하고 COP 26(Conference of Parties, 유엔 기후변화협약 당사국총회, Glasgow 2021)과 COP 27(Sharm El-Sheikh 2022)에서는 탈 화석연료에 대한 투자와 온실효과에 의한 기온 상승폭을 1.5°C로 제한하는 내용에 합의했습니다.

2장 '수소는 어디에서 왔나'에서는 김 교수가 평소에 많은 관심을 보였던 빅뱅으로 시작한 태초 우주의 탄생에서 우주 팽창으로 이어지면서 핵반응에 의해 양성자와 전자로 구성된 수소가 처음 생성되는 과정을 자세히 설명합니다. 지금 우리가 알고 있는 물질과 우주가 어떻게 생성되었는지에 대한 질문의 해답을 천체물리학에 근거한 여러 가지 역사적인 발전 과정에 기반해 특유의 쉬운 언어로 이야기합니다. 덕분에 천체물리학의 기본이면서도 대학원 수준에 해당하는 우주배경복사나 빅뱅우주론, 허블 법칙, 우주 지평선 문제 등을 어렵지 않게 읽을 수 있습니다.

3장 '반응열을 통해 본 수소의 경제성'에서는 탄소와 수소의 산화 반응에서 수소의 단위 무게당 반응열이 탄소에 비해 4.4배 큰 근원적인 이유를 원자의 구조, 원자가 전자, 전기 음성도를 이용하여 설명하려고 했습니다. 과학에 생소한 일반인의 이해를 돕기 위해 분자 수준에서 일어나는 화학 반응을 여러 단계로 나누어 설명했습니다.

마지막 4장 '수소 시대의 운송 수단'은 두 운송 수단의 비교입니다. 전기차와 수소전기차, 두 방법 모두 이산화탄소의 배출이 없어서 탄소중립을 이루는 방안이 될 수 있지만, 현재 전기차는 주행거리와 충전 시간, 전지의 안정성 등의 문제가 있고, 반면에 수소전기차는 가격, 수소 충전소의 부족이 지적됩니다. 두 방법의 동력원인 2차전지와 수소연료전지에 대한 지속적인 연구의 필요성이 요구됩니다. 결국 탄소중립과 그린 수소로 지구 온난화를 극복하고 청정한 지구 환경을 만드는 노력의 중요성을 강조하며 책을 마칩니다.

화학자이면서 넓은 시야를 가진 과학자인 김 교수는 이 저술을 통해 과학이 인간의 시야를 확대해준다는 사실을 실제로 보였습니다. 중학생 수준에서 시작하여 경우에 따라서는 대학원 수준까지 넘나드는 이론의 전개를 전혀 어렵지 않게 읽을 수 있는 것은 평소 김 교수가 가진 지식의 폭이 얼마나 넓은지, 내용을 얼마나 쉽게 전달할 수 있는지를 보여줍니다. 한편 워즈워스의 「수선화」와 옥텟의 영시는 책을 읽으며 여유를 갖는 부수적인 즐거움이었습니다. 따라서 다양한 배경의 독자들에게 이 책을 적극적으로 추천합니다.

추천의 글

유욱준 KAIST 의과학대학원 명예교수, 한국과학기술한림원 원장

이 책은 제가 가장 존경하는 분이 쓴 책입니다.

김희준 교수님은 1976년 제가 시카고대학에 갔을 때 처음부터 저를 도와주셨으며, 저 혼자서는 이해하기 어려운 부분이 있어 찾아갈 때마다 명쾌한 답을 얻게 해주시어 제게 큰 기쁨을 주셨던 분입니다.

그로부터 어느덧 50년 가까이 세월이 흘렀는데 지금 생각해보니 현재의 제 모습 중 상당 부분은 김희준 교수님으로부터 온 것임을 알게 됩니다. 어려운 투병 생활 중에도 이 책을 쓰고 계셨는데, 중간 과정에 작성 중인 원고를 제게 보내주시어 읽어볼 기회가 있었지만 책이 완성된 지금 다시 한번 천천히 읽어보았습니다.

아름답고 독특한 책입니다. 자연의 근본 원리를 설명하고 그 원

리에 근거하여 현재의 문제들에 대하여 설명하고 있습니다. 물리학, 화학, 생명과학 같은 학과의 경계선이 전혀 느껴지지 않을 뿐만 아니라 원래부터 그런 구분은 없는 것임을 깨닫게 해주는 책입니다. 학문을 가르치고 연구했던 저도 이번에 한 번 더 읽으면서 새로운 것을 많이 배웠습니다.

이 책의 독자들 중에는 내용을 꼼꼼히 읽으면서 자연의 원리를 이해하는 것이 얼마나 즐거운 일인지 알게 되는 분들이 있을 것입니다. 그들 중 몇몇 학생들은 장래에 노벨상급 결과를 만들어내는 훌륭한 과학자가 될 것이 틀림없습니다.

주석

1   John S. Rigden, Hydrogen: The Essential Element, Harvard Univ. Press, 2002

2   Jeremy Rifkin, The Hydrogen Economy: The Creation of the Worldwide Energy Web and the Redistribution of Power on Earth, Polity Press, 2002; 제레미 리프킨(이진수 옮김),『수소 혁명: 석유시대의 종말과 세계경제의 미래』, 민음사, 2002

3   Alexis Clerc, Physique et chimie populaires, vol. 2, 1881-1883

4   IEA, Global EV outlook 2022

5   F. Bacon, The fuel cell: power source of the future, New Scientist, Vol. 6, 271-274, 1959

사진 출처

04 전기차와 수소전기차

2019년 노벨화학상 수상자 ⓒScienceNews

베이컨과 수소연료전지 ⓒEncyclopædia Britannica, Inc.

투싼 IX 퓨얼 셀 ⓒSpielvogel

＊ 퍼블릭 도메인은 따로 표기하지 않았습니다.